Pedelecs

richtig einstellen, warten und tunen

Franz Helling

Pedelecs

richtig einstellen, warten und tunen

Schritt für Schritt zum perfekten E-Bike

FRANZIS

Bibliografische Information der Deutschen Bibliothek

Die Deutsche Bibliothek verzeichnet diese Publikation in der Deutschen Nationalbibliografie;
detaillierte Daten sind im Internet über http://dnb.ddb.de abrufbar.

Satz: DTP-Satz A. Kugge, München
art & design: www.ideehoch2.de
Druck: GGP Media GmbH, Pößneck
Printed in Germany

ISBN 978-3-645-65106-6

Vorwort

Dass sich Pedelecs immer größerer Beliebtheit erfreuen, ist nicht zuletzt Folge des Trends hin zu umweltfreundlicherer Mobilität. Pedelec-Fahren ist also weit mehr als nur eine schöne Freizeitbeschäftigung. Mit der Kraft der nunmehr zwei Antriebsquellen erschließen sich neue Dimensionen bei der Bewältigung räumlicher und zeitlicher Distanzen. Höhere Geschwindigkeiten verkürzen die Fahrzeiten und vergrößern die Reichweite. Damit wird das Fahrrad erstmals eine wirklich ernst zu nehmende Alternative zu Auto und öffentlichen Verkehrsmitteln bei der Bewältigung auch mittlerer Entfernungen im Berufs- und Freizeitverkehr. In den Innenstädten, die im Kraftfahrzeugverkehr ersticken, hat sich das Pedelec als schnelle und saubere Möglichkeit etabliert, sich mit Spaß fortzubewegen.

Pedelecs sind Hightech-Fahrzeuge. Um optimales Fahrvergnügen mit ihnen zu garantieren und sicherzustellen, dass sie dauerhaft funktionieren, müssen sie auf ihren Benutzer eingestellt werden. Sie benötigen regelmäßige Wartung und Pflege. Es wäre bedauerlich, wenn ein Pedelec das Schicksal vieler herkömmlicher Fahrräder teilen müsste. Oft nämlich werden diese nach der meist recht kostspieligen Anschaffung als ungeliebter alltäglicher Gebrauchsgegenstand „auf Verschleiß gefahren".

Ein Blick in Garagen und Fahrradkeller zeigt, dass das Pedelec einen besonderen Stellenwert einnimmt. Viele hegen und pflegen ihre hochmoderne „Fahrmaschine" so liebevoll wie ein Cabrio oder ein Motorrad.

Dieses Buch vermittelt allen technisch Interessierten, wie man ein Pedelec richtig einstellt, wartet und tunt. Es geht um viel mehr, als nur mit dem Putzlappen für den Hochglanz des Lacks zu sorgen. Um das Vergnügen am Pedelec komplett zu machen, bedarf es keiner komplizierten Werkstatteinrichtung. Die meisten Pedelec-Fahrer werden die Standardwerkzeuge bereits besitzen.

Regelmäßig selbst für den technisch einwandfreien Zustand des Pedelecs zu sorgen, birgt den Vorteil, dass man bei kleineren Pannen unterwegs in der Lage ist, die Ursache zu ermitteln und gegebenenfalls zu beheben. Das ist, angesichts der mit der Motorunterstützung erzielbaren Reichweite, ein nicht zu unterschätzender Faktor. Wer möchte sein Rad schon über zwanzig oder gar mehr Kilometer nach Hause schieben? Noch gibt es leider keinen mobilen Pannenhilfsdienst für Pedelecs. Das ist eine Marktlücke, die aber sicher bald geschlossen wird.

Auch wird in diesem Buch fündig, wer etwas mehr über die technischen und physikalischen Geheimnisse wissen will, die ihn so vehement vorwärtsbringen. Zahnzahlen auf Kettenblättern und Ritzel, Kettenlänge und Sensorplatzierung, Motorschaltung und Steuer-Software und natürlich die immer wieder diskutierte

Akkureichweite sind solche Faktoren. Abschließend werden wir einen kleinen Blick in die umfangreiche Palette von Zubehör werfen, mit der man das eigene Pedelec zum unverwechselbaren „Custom Bike“ machen kann.

Dieses Buch wird Ihnen dabei helfen, bei Ihrem Pedelec für mehr Fahrvergnügen und Sicherheit zu sorgen und seinen Wert lange zu erhalten.

Inhalt

1 Kauf eines Pedelecs

Der Kauf eines Pedelecs gehört für Viele zu den Dingen, die sie mit Bedacht angehen. Lange Recherchen über das richtige Antriebsprinzip, die Vorteile der verschiedenen Rahmenkonstruktionen, das Für und Wider der unterschiedlichen Schaltungen und Bremsenbauarten gehen dem Kauf in aller Regel voraus.

Akkukapazitäten werden gegeneinander aufgewogen, Designs begutachtet, Erkundigungen über die einzelnen Hersteller eingeholt und Preise verglichen. Wer sich für den Kauf bei einem Fachhändler entscheidet, wird zudem das eine oder andere Modell Probe gefahren sein. Dann folgt die Bestellung des eigenen Pedelecs.

Abb. 1.1 – Enge Verwandte, auch bei den neuesten Modellen: Pedelec und Fahrrad. Das erleichtert in vielen Punkten Einstellung, Pflege und Wartung.

Endlich ist es so weit. Das gute Stück steht zur Abholung beim Fachhändler bereit, oder der Internetshop hat den Versand des Elektrorads avisiert.
Ein paar Dinge gilt es zu beachten, damit gleich der Start zu einem rundum zufriedenstellenden Erlebnis wird.

TIPP!

Ein Pedelec fahrfertig zu machen ist wie die letzte Anprobe eines Maßkleids. Erst nach exakter körpergerechter Justierung ist alles perfekt. Nötigenfalls ermittelt man durch eine Körpervermessung die genauen Einstellmaße, die die Komponenten für die Sitzposition haben sollten.

1.1 Abholen des Pedelecs vom Fachhändler

In der Fahrradbranche gibt es zwischen Herstellern und Handel eine Art stillschweigender Vereinbarung bezüglich der Arbeitsteilung. Nicht zuletzt zur Transportoptimierung übertragen die meisten Herstellerfirmen dem Fachhandel die Endmontage des Fahrrads. Das ist bei den Pedelecs nicht anders.
Kommt der Käufer nun zum Fachhändler, um sein Pedelec abzuholen, hat dieser es fachgerecht endmontiert. D. h., dass alle Komponenten verbaut sind, das Fahrzeug in einem verkehrs- und betriebssicheren Zustand ist und die erste Tour sofort beginnen könnte.

1.1.1 Sattel einstellen

Für die richtige Grundeinstellung der Sattelhöhe gibt es zwei Faustregeln:

- Mit ausgestrecktem Bein im Sattel sitzend sollte die Ferse des Fußes fest auf dem Pedal stehen.
- Bei geradestehendem Pedelec sollte die Spitze des ausgestreckten Fußes den Boden erreichen.

Das Pedelec hat, gegenüber einem herkömmlichen Fahrrad, ein höheres Gewicht und erreicht deutlich höhere Geschwindigkeiten. Deshalb empfinden es manche Fahrer als Zugewinn an Sicherheit, im Sattel sitzend den Boden mit dem ganzen Fuß zu erreichen. In diesem Fall sollte ein Kompromiss bei der Sattelhöhe gewählt werden.
Manche gefederten Sattelstützen kann man auf das Fahrergewicht ausrichten. Das sollte jetzt eingestellt werden. Bei anderen sind die im Stützenrohr sitzenden Federn nach Gewichtsklasse auszuwählen.
Die meisten Händler sind auf einen Austausch der Federn vorbereitet.
Die Sattelfläche wird anfangs am besten waagegerecht zur Fahrbahn oder leicht nach hinten geneigt ausgerichtet.

1.1.2 Lenker ausrichten

Die Ersteinstellung nimmt der Händler meist nach zwei Kriterien vor:

- Aufbautypisch nach der Rahmenkonstruktion des Pedelecs
- Anhand von Erfahrungen mit anderen Kunden

Abb. 1.2 – Mit dieser Messvorrichtung kann der Fachhändler die richtige Sattelhöhe ermitteln.

Abb. 1.3 – In der Härte verstellbare Federsattelstützen haben ihre Verstelleinrichtung oft am unteren Ende der Stütze. Sie muss also zur Einstellung aus dem Sitzrohr entfernt werden. Die hier sichtbare obere Klemmung darf dabei nicht gelöst werden. Nur der untere Schnellspanner wird gelöst, um die Sattelstütze herauszuziehen.

Abb. 1.4 – Die orangefarbene Verschraubung muss vorsichtig gelöst werden, um die innen sitzende Schraubenfeder zu wechseln. Anschließend ist das Gewinde wieder voll zu verschrauben, um einen sicheren Sitz zu gewährleisten. Vorsicht: Es besteht Verletzungsgefahr, wenn die Feder unter Spannung steht!

Wenn man selbst noch über keine eigene Praxis mit der gewählten Rahmenkonstruktion und dem Lenkeraufbau verfügt, ist die Ersteinstellung durch den Händler hilfreich, um erste eigene Eindrücke zu gewinnen.

Die letztlich beste Einstellung wird jeder für sich selbst erst nach einigen hundert Kilometern und immer mal neuen Versuchen mit verschiedenen Sattel-, Vorbau- und Griffpositionen finden.

1.1.3 Federgabel justieren

Einfache Federgabeln bieten auf einer Seite die Möglichkeit, die Federstärke einzustellen.

Es empfiehlt sich, mit einer mittleren Härte zu starten. Auch in diesem Fall gilt es, seine eigenen Erfahrungen zu sammeln und Schritt für Schritt zu berücksichtigen. Manchmal allerdings stellen sich die Schraubenfedern von vornherein als zu stark oder zu schwach für das eigene Körper- plus Fahrzeuggewicht heraus.

Im ersten Fall taucht die Feder selbst bei geringster Vorspannung gar nicht ein. Im zweiten schlagen die Federn auch bei maximaler Federspannung relativ schnell durch. In beiden Fällen kann der Fachhändler einen Austausch der Schraubenfedern vornehmen.

1.1.4 Bremshebel und Modulatoren einstellen

Ist das Pedelec mit in der Griffweite verstellbaren Handbremshebeln ausgestattet, werden diese durch den Händler auf die Handgröße des Nutzers justiert.

Bei V-Brakes sind sogenannte *Bremsmodulatoren* montiert, die mit Vier-Finger-Bremshebeln betätigt werden. Mit vier Fingern werden

Abb. 1.5 – Bei manchen Handbremshebeln sind die Stellschrauben zur Anpassung der Griffweite ohne Werkzeug regulierbar. Dann lässt sich die persönlich angenehmste Stellung ohne großen Aufwand einstellen.

Abb. 1.6 – Bei anderen Bauformen benötigt man einen Kreuzschlitzschraubendreher.

Abb. 1.7 – Dieser Bremskraftmodulator kann in seiner Wirkung eingestellt werden, andere sind herstellerseitig voreingestellt und befinden sich in einer unzugänglichen Kapselung.

am Bremshebel relativ große Kräfte erzeugt, sodass die Gefahr eines frühzeitigen Blockierens der Räder besteht. Das zu vermeiden ist Aufgabe der Modulatoren. Durch eine eigene Federspannung absorbieren sie als *Bremskraftbegrenzer* einen Teil der erzeugten Kräfte am Seilzug.

Manche dieser Modulatoren sind in ihrer Wirkung einstellbar. Sie müssen so justiert werden, dass die Bremskräfte feinfühlig dosiert werden können und eine Vollbremsung mit mittlerer Kraftanstrengung am Bremshebel möglich bleibt.

1.1.5 Aufspielen der Software und Kalibrierung des Pedelecs

Manche Pedelec-Antriebssysteme erlauben eine Auswahl der Software entsprechend der zu erwartenden Fahrgewohnheiten des Nutzers. In diesen Fällen hat der Fachhändler mittels Laptop oder PC direkten Zugriff auf die Steuereinheit oder direkt auf den Controller.

Es gibt auch Varianten, bei denen die Software auf SD-Speicherkarten bereitgestellt wird, wie sie z. B. aus Fotoapparaten bekannt sind. Sie sind dann in der Regel in einem Einschub am Display, manchmal aber nur nach Entfernung

Abb. 1.8 – Steuereinheiten gibt es in sehr verschiedenen Ausführungen, übersichtlich, einfach zu bedienen und ohne weitere Anzeigen ...

TIPP!

Abgefragt werden sollte in jedem Fall, ob eine Erst- und manuelle Nachkalibrierung des gewählten Antriebssystems notwendig ist.

einer Abdeckung zugänglich. Hier empfiehlt es sich, bereits beim Beratungsgespräch nachzufragen und die Auswahl zu treffen. So kann der Fachhändler die Installation vorab vornehmen.

Unter *Kalibrierung* versteht man in der Technik den Abgleich von Soll- und Ist-Werten. Im Fall eines Pedelecs geht es also darum, dass die Sensoren den Betriebszustand richtig widerspiegeln und die daraus resultierenden Steuerinformationen dem Fahrzustand entsprechend präzise an den Motor weitergeben. Je stärker man in die Pedelec-Pedale tritt, desto mehr Motorkraft soll abgerufen werden, bis dann bei 25 km/h die motorische Unterstützung abschaltet. Um dies zu gewährleisten, messen Drehmoment- oder Umdrehungssensoren die vom Radler aufgewendete Kraft oder die Umdrehungszahl des Tretlagers.

Bei manchen Pedelecs erfolgt die Kalibrierung durch Betätigung einer Schalterkombination am Display. Bei anderen kalibriert sich das System regelmäßig selbsttätig.

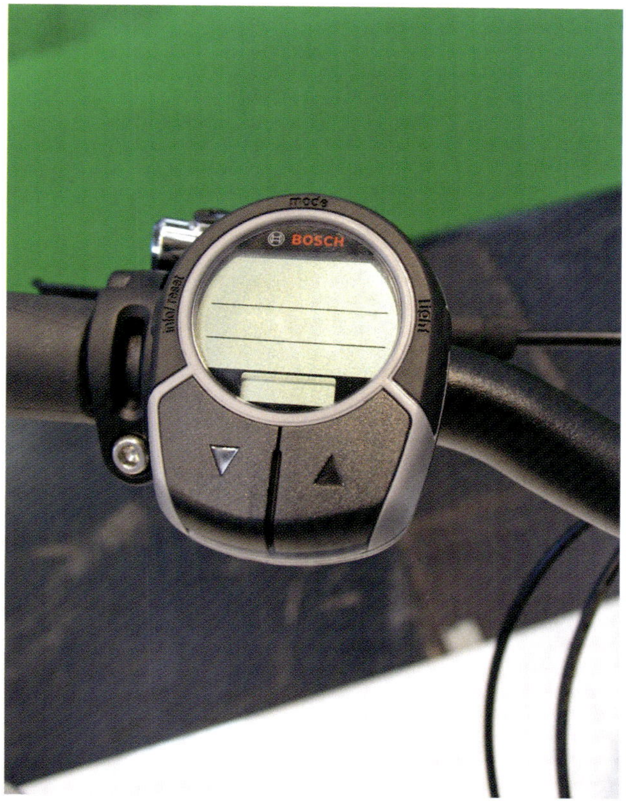

Abb. 1.9 – … oder auch mit einer ganzen Reihe verschiedener Funktionen. Über ein vom Händler oder Besitzer nutzbares Interface zur Software verfügen die meisten Exemplare leider noch nicht.

1.1.6 Pedelec-Einweisung Punkt für Punkt

Sind die Einstellarbeiten erledigt, folgt die detaillierte Einweisung in die Bedienung des Pedelecs durch den Fachhändler. Punkt für Punkt werden, analog zu einem normalen Fahrrad, die Betätigung der Bremsen, die Benutzung der Schaltung und der Beleuchtungseinrichtung erläutert. Hinweise über den notwendigen Luftdruck und die maximal zulässige Belastung des Pedelecs komplettieren diese Etappe der Fahrzeugübernahme. Empfehlenswert sind ein gemeinsamer Check der Reifenventile und der zur Fahrzeugausrüstung gehörenden Luftpumpe.

Detaillierte Informationen wird ein Fachgeschäft über die Bedienung der Elektronik geben. Unabhängig von den Unterschieden in der Gestaltung und den Funktionsumfängen dient das Display bei allen Pedelecs zum Einschalten der motorischen Unterstützung und zur Vorwahl des Unterstützungsmodus. Viele Fahrzeuge verfügen über ein dreistufiges System.

Abb. 1.10 – Solche Adapter für die Benutzung kompressorbetriebener Fülleinrichtungen sollten zum Bordwerkzeug gehören.

Abb. 1.11 – Ein Druck auf den Betätigungskreis oberhalb der Anzeigedioden, und der Akku offenbart seinen Ladezustand.

TIPP!

Bei jedem Pedelec gilt immer der Grundsatz: je stärker die motorische Unterstützung, um so geringer die Reichweite.

Interessant sind Informationen des Fachhändlers hinsichtlich der Erfahrungen anderer Kunden bezüglich der erzielbaren Reichweite mit motorischer Unterstützung.

Der Akku sollte voll aufgeladen sein, wenn das Pedelec übernommen wird.

Es ist wichtig, das Verhalten der Elektronik beim Bremsen und bei Bergabfahrten zu kennen. Bei vielen Pedelecs wird die elektrische Unterstützung zwangsabgeschaltet, wenn eine Bremse betätigt wird. Bei manchen läuft der Motor auch dann nach, wenn das Treten in die Pedale bereits unterbrochen wurde.

Zudem gibt es Modelle mit einem zuschaltbaren oder sich automatisch zuschaltenden Rekuperationsmodus. Ist er aktiviert, erzeugt der Motor Strom und wirkt zugleich als Motorbremse.

Etwas Übung verlangt die Benutzung der Schiebehilfe, falls vorhanden. Hier wird per Knopfdruck am Display oder per Daumenhebel eine Geschwindigkeit von bis zu 6 km/h nur mithilfe des Elektromotors, also ohne Pedalbetätigung, erreicht. Gedacht ist dieser Betriebsmodus für den Fall, dass das relativ schwere Gefährt z. B. einen Berg oder eine Garageneinfahrt hinaufgeschoben werden muss.

TIPP!

Vor Betätigung der Schiebehilfe sollten Sie das Vorderrad möglichst in Geradeausstellung bringen, damit das Pedelec nicht seitlich aus dem Ruder läuft, und bremsbereit sein. Vorsicht: Unfallgefahr!

Bei der anschließenden Probefahrt sollte man den Motor erst zuschalten, nachdem man einige Meter nur mit Pedalkraft gefahren ist und erste Erfahrungen mit der Wirkung der Bremsen gesammelt hat.

Selbst nach einer sehr detaillierten Einweisung muss man sich zunächst ausführlich mit der Bedienungsanleitung befassen. Manche Hersteller legen nicht nur Instruktionen für das Pedelec selbst bei, sondern auch für die verbauten Komponenten. Die hier vermittelten Erkenntnisse zahlen sich spätestens dann aus, wenn es an die regelmäßige Wartung und Pflege geht oder einzelne Komponenten für den Gebrauch optimiert werden sollen.

Freuen kann sich dann, wer ein Pedelec mit einem Basissatz Werkzeug erworben hat. Überhaupt gibt es bei Fachhändlern oft allerlei Nützliches gleich noch als Beigabe dazu: Packtaschen, Standluftpumpen oder sogar Fahrradcomputer.

1.2 Pedelec aus dem Versandhandel

Mittlerweile werden Pedelecs im Online-Versandhandel in fast unüberschaubarer Auswahl angeboten. Online-Fachhändler werden, ähnlich wie das ortsansässige Fachgeschäft, die Endmontage so weit wie möglich vor dem Versand vornehmen.

Um den Transport des Pedelecs nicht zusätzlich zu erschweren, werden einige Teile nicht montiert. So bleiben in diesem Fall Arbeiten, die der Käufer selbst erledigen muss. Manche

Abb. 1.12 – Damit das Pedelec in diesem Versandkarton Platz hat, werden die Pedale nicht vormontiert und der Lenker wird längs gestellt.

TIPP!

Prüfen Sie die AGB des Online-Händlers genauestens dahin gehend, inwieweit Fehler des Kunden bei der Endmontage zum Verlust der Garantie führen können.

Versandhändler sparen sich allerdings die Endmontage komplett. In jedem Fall ist der Käufer selbst in der Pflicht.

Um keine unliebsamen Überraschungen zu erleben, empfiehlt es sich, bereits vor der verbindlichen Bestellung im Internet die Versand-

TIPP!

Sind die beiliegenden Anleitungen nur für ähnliche Fahrzeuge oder Komponenten, sollten Sie am besten sofort reklamieren.

und Montagemodalitäten im Detail zu erfragen. Besser noch vereinbart man sie detailliert. Ist die Lieferung avisiert, ist es ratsam, beim beauftragten Paketdienst den genauen Liefertermin zu erfragen. Nur so ist es möglich, die Sendung persönlich entgegenzunehmen und sie noch im Beisein des Paketdienstmitarbeiters auf Unversehrtheit und Vollständigkeit zu überprüfen.

In jedem Fall sollten detaillierte Montagehinweise beigelegt sein, die im Detail auch tatsächlich für die am Pedelec verbauten Komponenten gelten.

Ist alles komplett, macht es Spaß, das eigene Pedelec fahrfertig zu machen. Alle im vorhergehenden Kapitel beschriebenen Punkte sind nun in eigener Regie zu erledigen. Einzelheiten zur Ausführung der Arbeiten finden sich im Kapitel „Pedelec warten und tunen“.

1.2.1 Fester Sitz bei vormontierten Komponenten

Als Erstes wird geprüft, ob vormontierte Teile fest sitzen oder nur provisorisch befestigt worden sind. Das gilt insbesondere für Akkuhalterungen, die Akkus selbst und andere elektrische Teile.

1.2.2 Akku laden

Im Normalfall sollte der Akku zum Transport aus dem Pedelec entfernt und separat verpackt worden sein. Ist das nicht der Fall, wird er nun aus dem Pedelec entnommen. Dazu sind die beiliegenden Vorschriften des Pedelec-Herstellers oder -Lieferanten akribisch einzuhalten. Grundsätzlich ist davon auszugehen, dass der Akku bei einem Pedelec aus dem Versandhandel vor der ersten Benutzung einen vollständigen Ladezyklus absolvieren muss. Er wird also geladen, bis die Anzeige „Voll“ leuchtet.

Nur wenn vom Lieferanten ausdrücklich die sofortige Betriebsbereitschaft bescheinigt wird, ist das nicht erforderlich. Bei dieser Gelegenheit sollten die Vorschriften für die Erstinbetriebnahme des Akkus und seine Behandlung gelesen werden.

1.2.3 Lenker montieren und ausrichten

Beim Versand eines Pedelecs ist es üblich, den Vorbau mit montiertem Lenker bereits in das Gabelrohr einzuführen und so zu arretieren, dass der Lenker längs in Fahrtrichtung steht. Um ihn nun quer zu stellen, muss die von oben im Rohr steckende Verschraubung der Lenkerklemmung mit einem Sechskantschlüssel gelöst werden. Dann wird der Lenker mit dem Vorderrad zwischen den Knien in 90°-Position zur Fahrtrichtung gebracht.

Einmal die Innenklemmung gelöst, empfiehlt sich die vorläufige Höhenjustierung des Lenkers. Die Feineinstellung wird später vorgenommen.

WARNUNG!

Ziehen Sie den Vorbau maximal bis zur Markierung aus dem Gabelrohr heraus. Sonst besteht die Gefahr, dass er während der Fahrt herunterbricht.

Abb. 1.13 – Ein so eng anliegender Schnellspannhebel ist leider keine Garantie dafür, dass das Rad fest in Gabel- oder Ausfallenden sitzt. Voraussetzung für eine ausreichende Spannung ist die Voreinstellung der Spannweite mit der Rändelschraube auf der gegenüberliegenden Seite.

Abb. 1.14 – Was hier an Energie zur Verfügung steht, reicht wahrscheinlich nicht einmal für eine erste Spritztour um den Häuserblock. Ehe es losgehen kann, muss bei einem neuen Pedelec der Akku einmal komplett aufgeladen werden.

Bei sogenannten *Ahead-Vorbauten* ist der Vorbau fest im Gabelrohr verbaut und kann nicht zur Höhenverstellung herausgezogen werden. Zur Querstellung des Lenkerrohrs werden die Klemmschrauben am Vorbau gelockert und anschließend wieder gut festgezogen.

Abb. 1.15 – Eine Gradeinteilung am Lenkerrohr erleichtert die spätere Feineinstellung, um durch Drehung die optimale Armhaltung und die beste Griffposition zu finden.

1.2.4 Sattel montieren und einstellen

Liegen Sattel und Sattelstütze unmontiert bei, werden sie zuerst zusammengefügt. Dann wird die Sattelstütze in das Sitzrohr eingeführt.

WARNUNG!

Auch die Sattelstütze muss aus Sicherheitsgründen mindestens bis zur Markierung im Aufnahmerohr stecken.

Am besten schieben Sie die Sattelstütze so weit ein, dass sich der Sattel auf der Höhe des Lenkervorbaus befindet. Nun kann die richtige Sattelhöhe ermittelt werden. Dann wird die Lenkerhöhe nachjustiert.

Man kann natürlich auch erst den Sattel montieren und auf die richtige Höhe stellen und dann den Lenker in Querstellung bringen. Das birgt aber zusätzliche Unfallgefahren, weil man sich nicht festhalten kann.

Abb. 1.16 – Ahead-Vorbauten garantieren hohe Stabilität auch bei starker Belastung. Die Verstellmöglichkeiten sind allerdings eingeschränkt.

1.2.5 Laufräder überprüfen und fahrfertig machen

Nun gilt es, den Zustand der Laufräder zu prüfen und sie fahrfertig zu machen.

Als Erstes wird der feste Sitz der Verschraubungen in den Gabelenden kontrolliert und gegebenenfalls nachgezogen. Handelt es sich um ein Fahrzeug mit Nabenschaltung, ist zusätzlich die Kettenspannung zu überprüfen und nötigenfalls zu korrigieren. Dann folgt eine Drehprobe zur Überprüfung des Rundlaufs, der richtigen Ausrichtung in der Fahrzeugachse und der Leichtgängigkeit. Die exakte Spureinstellung des Hinterrads im Hinterbau wird überprüft.

Laufräder, die nicht rund laufen, sollten sofort reklamiert werden. Werden die im Kapitel 3.2 beschriebenen Arbeiten zur Beseitigung von Unwuchten am neuen Fahrzeug selbst vorgenommen, gehen die Garantieansprüche verloren.

Abb. 1.17 – Stopp! Bis hier hin und nicht weiter darf diese Sattelstütze aus dem Sitzrohr herausgezogen werden.

Abb. 1.18 – Klassische Befestigungen der Radnabe in den Ausfallenden werden mit Maul- oder besser Ringschlüsseln festgezogen. Zuvor wird die Kette durch Verschieben des Rads in den Ausfallenden nach hinten ausreichend gespannt.

Ebenfalls per Augenschein wird der richtige Sitz der Bereifung auf der Felge kontrolliert. Die Überprüfung des Reifendrucks und die mit hoher Wahrscheinlichkeit notwendige Ergänzung sollten ebenfalls gleich erfolgen.

1.2.6 Pedale montieren und einstellen

Üblich ist es, Pedale einzeln beizulegen. Sie sind an den Gewindezapfen mit den Buchstaben „L“ und „R“ für „links“ und „rechts“ gekennzeichnet. Das linke Pedal ist mit Linksgewinde, das rechte mit Rechtsgewinde versehen. Beide Pedale werden nun eingeschraubt und festgezogen.

1.2.7 Federgabel justieren

Eine verstellbare mechanische Federgabel wird auf eine mittlere Federvorspannung eingestellt. Bei einer pneumatischen Gabel unternehmen Sie am besten erste Fahrversuche mit der vom Lieferanten eingestellten Härte.

Abb. 1.19 – Auch wer seinem Pedelec später neue, vielleicht griffigere oder größere Pedale spendieren will, muss auf die Seitenkennzeichnung achten. Oft findet sie sich auch an den Schraubflanken.

1.2.8 Bremsen einstellen

Die Bremsen bedürfen bei Pedelecs aus dem Versandhandel erfahrungsgemäß einer genauen Einstellung. Das gilt vor allem dann, wenn die Laufräder noch nicht eingesetzt waren.

1.2.9 Schaltung überprüfen und nachjustieren

Sowohl Naben- als auch Kettenschaltungen sind meist fahrfertig voreingestellt. Manchmal kommt es anfangs trotzdem zu einer gewissen Schwergängigkeit oder Schaltgeräuschen. Das gehört zum normalen Prozess des Einfahrens. Hält es an, muss bei der späteren Wartung nachjustiert werden.

TIPP!

Verwechseln Sie bei auf dem Kopf stehendem Pedelec nicht rechts und links!

1.2.10 Beleuchtung

Unbedingt zu überprüfen und bei Bedarf einzustellen ist der Fahrscheinwerfer. Bei den

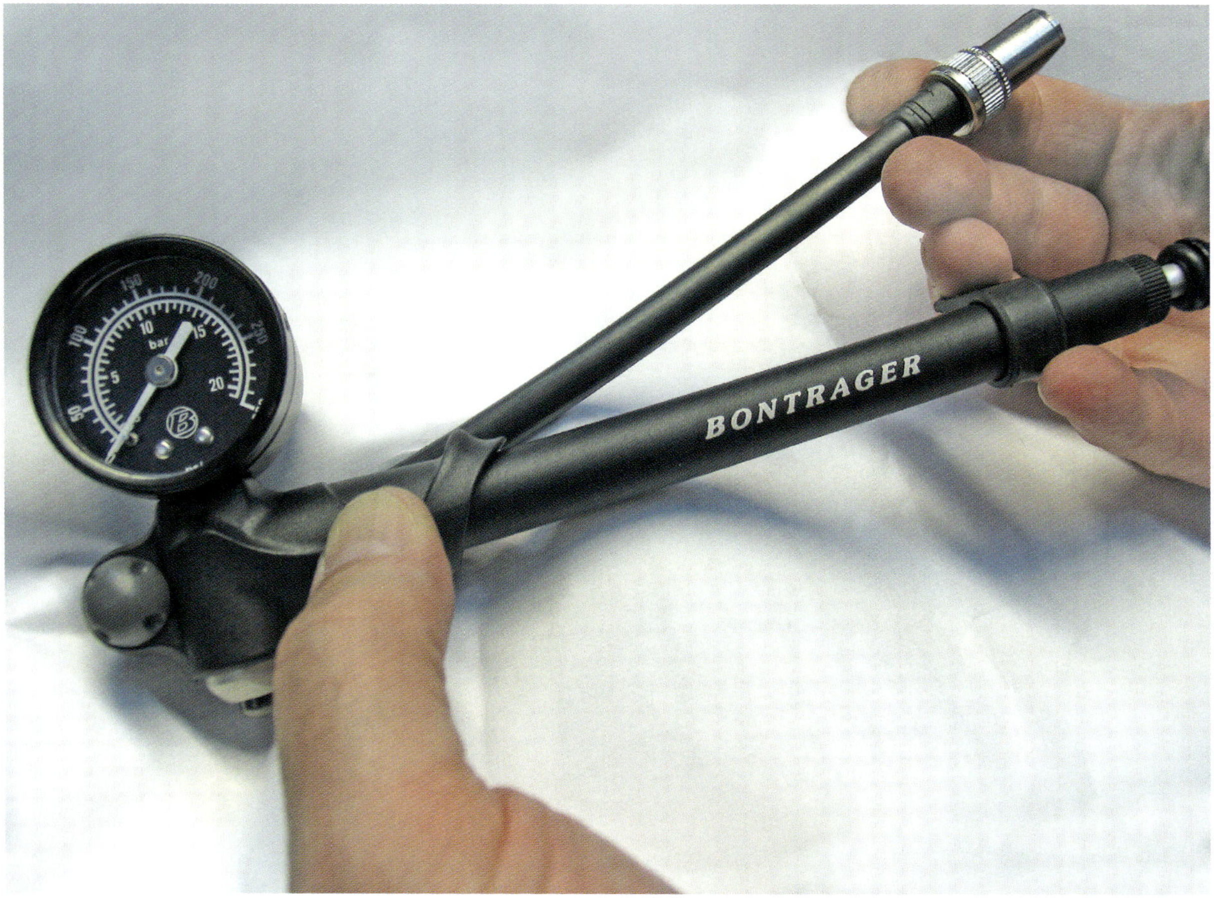

Abb. 1.20 – Die Pumpe zum Befüllen einer pneumatischen Federgabel; in der Bedienungsanleitung der Gabel finden sich Angaben zum Befülldruck in Abhängigkeit vom Fahrergewicht. Mechanische Federgabeln verfügen über Stellgriffe auf den Gabelholmen, mit denen die Federhärte nach Erfahrung reguliert werden kann.

Abb. 1.21 – Die Leuchtweite wird durch die Neigung des Fahrscheinwerfers nach oben oder unten korrigiert. Anschließend werden die Befestigungsschrauben wieder fest angezogen und der Kabelsitz überprüft.

heutigen modernen Lichtanlagen haben sie eine gesetzlich vorgeschriebene Mindestleuchtstärke von 10 Lux. Das kann durchaus schon zur Blendung des Gegenverkehrs führen. LED-Anlagen erreichen bis zu 40 Lux.

Abgesehen von der Vermeidung jeglicher Blendung des Gegenverkehrs dient ein exakt eingestellter Fahrscheinwerfer der eigenen Sicherheit. Nur ein gut ausgeleuchtetes Sichtfeld ermöglicht die Erkennung von Hindernissen.

Die Pflichtausstattung eines Pedelecs besteht, wie die eines gewöhnlichen Fahrrads, aus den folgenden Komponenten:

- Weißer Fahrscheinwerfer
- Nach vorn gerichteter weißer Strahler
- Zwei gegenüber angeordnete gelbe Speichenreflektoren pro Laufrad oder ein beidseitiger umlaufender Reflexionsstreifen auf der Bereifung
- Gelbe, nach vorn und hinten gerichtete Pedalreflektoren
- Rote Schlussleuchte
- Zwei rote Rückstrahler, wovon einer mit dem Buchstaben „Z" gekennzeichnet sein muss
- Naben- oder Reibraddynamo von mindestens 3 Watt Leistung und 6 Volt Spannung

Eine Batterie darf bei einem Pedelec nicht als alleinige Stromquelle für die Beleuchtung eingesetzt werden, sie kann aber *zusätzlich* als Stromquelle Verwendung finden (das gilt auch für den Pedelec-Akku).

1.2.11 Elektronikbauteile und Kabel überprüfen

Bei der Überprüfung der Elektronikbauteile und der Kabel geht es erst einmal um den festen Sitz aller Komponenten, Kabel und Kabelverbindungen.

Ist der Akku komplett aufgeladen, kann er nach den Vorschriften der Bedienungsanleitung in das Pedelec eingesetzt werden.

1.2.12 Erste Fahrversuche

Anders als der Käufer beim Fachhändler vor Ort, der eine fachgerechte Einweisung erhält, muss sich der Online-Kunde die Bedienung der einzelnen Elemente seines Pedelecs vor Antritt der ersten Fahrt selbst aneignen. Das sollte er im eigenen Interesse und aus Sicherheitsgründen auch tun, vorausgesetzt, er hat alle notwendigen Unterlagen zu seinem Pedelec erhalten. Im Zweifel gilt das Prinzip „trial and error" (Versuch und Irrtum) – aber dann bitte außerhalb öffentlicher Verkehrswege.

Viele grundsätzliche Bedienungshinweise für die verschiedenen Komponenten finden sich hier in diesem Ratgeber in den Ausführungen zum Tuning.

Für die Probefahrt und die erstmalige Verwendung der elektrischen Trethilfe gilt ebenfalls das unter dem Punkt „Abholen des Pedelecs vom Fachhändler" Genannte.

TIPP!

Egal, aus welcher Quelle man das Pedelec erworben hat, sollten alle Schraubverbindungen nach ca. 100 Kilometern geprüft und nachgezogen werden. Fachleute sprechen hier vom „Setzen" der Verschraubungen. Durch die Bewegung im Rahmen, aber auch durch Stöße und Lastwechsel können sich Verbindungen so weit lockern, dass es zu schweren Unfällen kommen kann. Viele Fachhändler bieten diesen Service kostenlos für die bei ihnen gekauften Pedelecs an.

Abb. 1.22 – Gut zusammengesteckte und sicher verlegte Kabel sind ein Muss – nicht nur für das neue Pedelec. Vor jeder Ausfahrt sollte hier kontrolliert werden. Kabel dürfen nicht in losen Schlaufen nach außen hängen. Die Gefahr, dass sie sich in Strauchwerk oder anderweitig verfangen, ist groß.

2 Vor Fahrtantritt prüfen

Geht dem Pedelec unterwegs unerwartet die elektrische Kraft aus, kann das mehr als nur unangenehm sein. Was, wenn das an einer längeren Steigung oder bei einem flotten Überholvorgang geschieht? Dann kann der Ausfall durchaus gefährlich sein.

Deshalb sollten vor dem Antritt jeder Fahrt alle elektrischen und elektronischen Antriebskomponenten überprüft werden. Mit einem solchen Pedelec-spezifischen Check der Betriebssicherheit wird sichergestellt, dass die Fahrt tatsächlich zum kraftunterstützten Fahrvergnügen wird.

Selbstverständlich muss das Pedelec, wie jedes andere Fahrrad auch, vor jeder Fahrt einer Grundprüfung unterzogen werden. Die erforderlichen Kontrollen zur Verkehrssicherheit dienen nicht nur der Sicherheit der anderen Verkehrsteilnehmer. Sie sind auch aus eigenem Interesse durchzuführen. Im Anhang des Buchs findet sich eine Checkliste. Diese kann kopiert und für die regelmäßigen Kontrollen genutzt werden.

2.1.1 Akkuladezustand und fester Sitz in der Halterung

Der Akku ist das empfindlichste und in den meisten Fällen teuerste Einzelteil eines Pedelecs. Besonderes Augenmerk verdient er nicht zuletzt deshalb, weil er die eigentliche Quelle des entspannten Fahrvergnügens ist.

Abhängig davon, wie oft das Fahrzeug genutzt wird, wird sich der Akku im Normalfall nicht im abgestellten Pedelec befinden. Fast alle Her-

Abb. 2.1 – Den Akku stets mit größter Sorgfalt in die Kontakte einsetzen. Man sollte erst starten, wenn er sicher in seiner Halterung arretiert ist.

steller empfehlen, den Akku nach jeder Benutzung, also selbst nach kürzeren Spritztouren, aus dem Pedelec zu nehmen und nachzuladen. Der Akku sollte also nur bei Pausen unterwegs im Pedelec verbleiben. Bleibt er über Nacht oder gar länger im Pedelec, kann es zur Selbstentladung kommen. Das hat im schlimmsten Fall eine Tiefentladung zur Folge, die den Akku dauerhaft beschädigt.

Manche Hersteller erlauben ein Nachladen des Akkus im Pedelec. In jedem Fall sollte man die Vorschriften des Pedelec-Herstellers oder die Instruktionen des Akku-Lieferanten genau einhalten. Das dient dazu, die maximale Kapazität des Akkus möglichst lange zu erhalten und verlängert seine Lebensdauer. Zum anderen sichert es für jede Fahrt die maximal mögliche Reichweite mit elektrischer Unterstützung.

Die meisten Akkus verfügen über integrierte Möglichkeiten, den Ladezustand zu ermitteln. Bei manchen aktiviert ein Taster eine LED-Anzeige. Andere verfügen über permanente Kontrollleuchten oder Messinstrumente, die den Ladezustand anzeigen. Vor dem Einsetzen des Akkus in das Pedelec sollte er möglichst immer vollständig geladen sein.

Abb. 2.2 – Nur ein fest in der Halterung sitzender und verriegelter Akku garantiert die Betriebssicherheit des Pedelecs – Diebstahlschutz inklusive.

Sollte der Akku wider Erwarten nicht den maximalen Füllstand haben, muss vor seiner Benutzung die Ursache ermittelt werden, um einen Defekt auszuschließen. Im einfachsten Fall hat die Ladezeit nicht ausgereicht. Es kann auch sein, dass der Akku nicht richtig oder vollständig in die Ladestation eingesetzt war. Die meisten Ladestationen verhindern durch entsprechende Mechanismen ein falsches Einsetzen des Akkus. Dazu dienen Führungsnuten, Schienen o. Ä. Ziel ist, Kurzschlüsse zu verhindern, die zur Zerstörung des Akkus und eventuell zu Bränden oder Explosionen führen könnten.

TIPP!

Setzen Sie den Akku niemals mit Gewalt in die Ladestation oder das Pedelec.

2.1.2 Motor und Kabelverbindungen

Zeigt die direkt am Akku befindliche Ladeanzeige „Volle Ladung", sollte das gleiche Resultat an der Bedieneinheit am Lenker angezeigt werden, sobald der Antrieb eingeschaltet wird. Ist das nicht der Fall, liegt vermutlich eine Kabelstörung vor. Das bedeutet: Antrieb wieder ausschalten und alle Leitungen auf ordnungsgemäße Verbindung und festen Sitz prüfen.

Ist alles richtig zusammengefügt und trotzdem keine korrekte Ladeanzeige am Display sichtbar, kann ein Kabelbruch oder ein Schaden in der Elektronik vorliegen. Dann ist für diesen Tag die Ausfahrt gestrichen und eine genaue Überprüfung, Reparatur oder Erneuerung vorzunehmen oder vornehmen zu lassen.

Zeigt auch das Lenker-Display „Volle Ladung", kann die Antriebsfunktion getestet werden. Bei Fahrzeugen mit Schiebehilfe genügt es,

TIPP!

Kontrollieren Sie bei Steckverbindungen, dass alles richtig zusammengesteckt ist.

das angetriebene Rad leicht vom Boden abzuheben und zu betätigen. Dreht sich das Rad nicht, gilt auch in diesem Fall: Die Ausfahrt muss bis zur genauen Prüfung und Behebung des Schadens ausfallen.

Das Anheben geht bei Pedelecs mit Vorderrad-Nabenmotor meist noch recht einfach. Schwieriger wird es bei Fahrzeugen, die die Hilfskraft auf das Hinterrad übertragen – sei es über einen Tretkurbel- oder einen Hinterrad-Nabenmotor. In diesem Fall muss der recht schwere Hinterbau samt Akku angehoben werden.

Statt das angetriebene Rad frei laufen zu lassen, kann man die Schiebehilfe auch in Aktion testen – vorausgesetzt, es steht genügend Platz zur Verfügung.

TIPP!

Vergessen Sie vor dem Test der Schiebehilfe nicht, den Lenker gerade zu halten und Bremsbereitschaft herzustellen.

Bei dieser Gelegenheit lässt sich feststellen, ob Motor oder Nabe ungewöhnliche Geräusche verursachen. Dann darf nicht gestartet werden, bevor die Ursache gefunden und beseitigt ist. Lagerschäden an Motoren oder Probleme mit integrierten Planetengetrieben sind aber eher die Ausnahme und sollten in der Fachwerkstatt behoben werden.

2.1.3 Kette und Schaltung

Kette und Schaltung müssen in optisch gutem Zustand sein. Genauere Prüfungen erfolgen im Rahmen der regelmäßigen Wartung. Weder Naben- noch Kettenschaltungen sollten zum

Abb. 2.3 – Kleine Ursache – große Wirkung. Wenn diese Stecker nicht richtig sitzen, fließt kein Strom und der Pedelec-Motor schweigt. Bei Fahrten auf Waldwegen kann schon mal ein Ast hängen bleiben und solche Verbindungen trennen. Dem ist hier durch die Fixierung mithilfe von Kabelbindern am Gepäckträgersteg vorgebeugt. Hat das eigene Pedelec keine solche Kabelsicherung, sollte nachgerüstet werden.

Test im Stand bedient werden. Das führt zu erhöhtem Verschleiß und kann dauerhafte Schäden verursachen. Die Kettenspannung lässt sich mit einem kurzen Handgriff testen.

TIPP!

Mit sogenannten *Dieselhandschuhen* spart man sich das Händewaschen nach dem Kettentest. Sie leisten bei Pannen unterwegs ebenfalls gute Dienste.

Die Kette sollte ca. einen bis eineinhalb Zentimeter Spielraum nach oben und unten haben. Das gilt allerdings nur für Nabenschaltungen und nicht, wenn es sich um eine Kettenschaltung mit federbetätigtem Kettenspanner handelt. Hier lässt sich die Kette weitaus stärker anheben, weil der Spanner nachgibt.

2.1.4 Räder und Bereifung

Räder und Bereifung sind der einzige Kontakt zur Fahrbahn und damit die Garanten für die

Abb. 2.4 – Besitzt das Pedelec einen Doppelständer, ...

Abb. 2.5 – ... kann man das angetriebene Hinterrad zum Testlauf durch Nach-vorn-Wippen des Fahrrads entlasten.

Abb. 2.6 – Dieselhandschuh und Maßstab helfen bei der Kettenkontrolle. So präzise zu prüfen reicht bei der turnusmäßigen Wartung. Trotzdem sollte vor jeder Ausfahrt mit einem kurzen Griff die Spannung der Kette kontrolliert werden.

Sicherheit eines Pedelecs. Sie sind deshalb vor Beginn der Fahrt unbedingt zu prüfen.

TIPP!

Hilfreich ist auch ein *Klimpertest*. Fährt man schnell mit einem Schraubenzieher oder einem anderen metallischen Gegenstand die Speichen entlang, sollten alle Speichen den gleichen hohen Ton abgeben.

Mit etwas Übung sieht man den Speichen bald an, wenn sie nicht mehr die nötige Spannung haben. Sie weisen dann leichte Verdrehungen oder Ausbeulungen auf.

Eine Sichtprüfung gibt Aufschluss über den Zustand der Felgen. Dazu wird das Pedelec ein Stück geschoben und dabei deren Rundlauf beobachtet. Am besten geht das mit einem Bezugspunkt an der jeweiligen Gabel. Bei einer „Acht“ im Rad heißt es erst einmal: reparieren.

Abb. 2.7 – Auch ein Bürstengriff ist geeignet, um den festen Sitz der Speichen akustisch zu kontrollieren. Er wird schnell über die Speichen gezogen. Tiefer klingende Speichen sitzen nicht richtig fest.

Der nächste Blick gilt den Reifen. Ist optisch alles in Ordnung? Sind keine Fremdkörper eingefahren? Gibt es keine Risse in der Lauffläche oder der Reifenflanke?

Das Reifenprofil muss akribisch gesichtet werden. Ein Pedelec bringt deutlich höhere Antriebskräfte auf die Straße als ein normales

Abb. 2.8 – Solche Risse und Löcher in der Flanke eines Reifens sind eine deutliche Aufforderung zum Reifenwechsel. So weit sollte man es besser nicht kommen lassen und die Bereifung je nach Fahrleistung spätestens nach fünf Jahren erneuern.

Abb. 2.9 – Die Bereifung mit widerstandsfähiger Pannenschutzeinlage lässt sich nicht mehr per Daumendruck auf der Lauffläche auf genügend Luftdruck kontrollieren. Besser ist es, die Flanken einzudrücken.

Fahrrad. Nur ein ausreichendes und intaktes Profil garantiert bei regennasser Fahrbahn und Schräglage ausreichende Haftung. Ähnlich wie beim Pkw ist die Bremswirkung beim Pedelec stark abhängig von der Griffigkeit der Bereifung.

Ein exakter Sitz der Reifen auf der Felge ist Pflicht. Einfach ist die Überprüfung bei Bereifung, die mit einem Reflexionsstreifen versehen ist. Er sollte sich auf beiden Seiten in gleichem Abstand gleichmäßig um die Felge ziehen. Gibt es keinen Reflexionsstreifen, kann die auf der Reifenflanke eingeprägte geriffelte Reibfläche für den Dynamo als Anhaltspunkt genutzt werden.

Nächster Prüfpunkt ist der Reifeninnendruck. Beim einfachen Touringfahrrad genügt es meist, mit einem Daumendruck den Laufflächentest zu machen. Ist der Widerstand kräftig, ist der Luftdruck ausreichend.

Beim Pedelec sollte es aber eigentlich genauer zugehen. Zum einen ist das Fahrzeugeigen-

und damit auch das Gesamtgewicht deutlich höher, als bei einem normalen Fahrrad, zum anderen sind deutlich höhere Geschwindigkeiten möglich.

Gute Dienste bei der genauen Überprüfung leistet ein Luftdruckprüfer. Sind die Schläuche des Pedelecs mit Autoventilen (Kennzeichnung „AV“) ausgerüstet, kann er einfach aufgesetzt werden.

Im Übrigen empfiehlt es sich zumindest bei längeren Touren, unterwegs den Luftdruck zu kontrollieren. Bei jeder Pause ein schneller Daumendruck auf die Reifenflanken, und schon ist klar, ob sich die Reifen prall anfühlen. Ist ein Reifen ungewöhnlich warm, sollte mit dem Luftdruckprüfer Klarheit geschaffen werden. Notfalls wird dann mit der Handpumpe korrigiert. Eine starke Erwärmung der Bereifung ist ein untrügliches Zeichen für zu geringen Luftdruck.

2.1.5 Gabeln, Steuersatz und Rahmen

Als Nächstes wird der feste Sitz der Räder in den Gabel- und Ausfallenden geprüft. Insbesondere die Schnellspanner lockern sich gelegentlich. Hier kann sich schon mal ein Hosenbein verfangen und den Hebel herunterziehen. Bei einem Mountainbike-Pedelec kann es nach einem turbulentem Offroad-Einsatz zu Spiel in der Nabenlagerung kommen. Das macht sich durch Knacken und „Querbeweglichkeit“ bemerkbar, obwohl die eigentliche Achsbefestigung in den Gabelenden fest verschraubt ist. Die Gefahr eines solchen Schadens ist bei einem

Abb. 2.10 – Bei SV-Ventilen (Sclaverand) muss vor dem Aufpumpen nicht nur die Schutzkappe entfernt werden. Die kleine Mutter des Ventileinsatzes ist ca. einen halben Zentimeter herauszudrehen, sonst lässt sich keine Luft auffüllen. Wer allerdings nicht aufpasst, lässt die Luft durch Druck auf diesen kleinen Einsatz gleich wieder entweichen.

TIPP!

Schnellspannhebel sollten nach festem Andrücken in leichtem Winkel zur Gabel stehen, sodass man noch Druckreserven hat.

normalen Pedelec im Touring- oder City-Einsatz nur bei starker Überladung gegeben.

Gabel und Hinterradführungen dürfen keinerlei mechanische Beschädigungen wie Beulen, Brüche oder Risse aufweisen und sie dürfen nicht verbogen sein. Gleiches gilt für den Rahmen.

Der Rahmen muss bei einem Pedelec mitunter erheblich größere Kräfte als ein gewöhnliches Fahrrad aufnehmen. Zum einen wirken das Gewicht von Antrieb, Fahrer und Gepäck auf ihn ein, zum anderen die Summe der motorischen und physischen Antriebskräfte. Auch das Abbremsen aus höheren Geschwindigkeiten führt zu beträchtlichen dynamischen Belastungen des Rahmens. Schlaglöcher, Bordsteinkanten und Unebenheiten verlangen ein Höchstmaß an Verwindungssteifigkeit und Stabilität. Ein Riss im Rahmen kann tragische Folgen haben. Deshalb sollte vor jeder Fahrt eine genaue Sichtprüfung durchgeführt werden.

Besonders gefährdet ist das vordere Ende des Rahmens, das sogenannte *Steuerrohr*. Hier, wo die Gabel beweglich im Steuersatz gelagert ist, wirken unter dynamischen Verhältnissen die stärksten Kräfte. Wenn ein Fahrer mit 80 kg Gewicht und 20 kg Gepäck sein Pedelec mit 25 km/h um eine Kurve steuert und dabei stark abbremst, wirkt ein Großteil der Kräfte auf Steuersatz und Lenkerrohr.

Steuersatz nennt man die Lager, die im Lenkrohr die Gabel führen. Zieht man die Vorderradbremse fest an und versucht, das Pedelec hin und her zu schieben, darf im Steuersatz weder Spiel noch Knacken wahrnehmbar sein.

2.1.6 Lenker

Mit dem Vorderrad zwischen den Knien lässt sich feststellen, ob der Lenker festsitzt oder sich verdrehen lässt. Die Klemmung, mit der der Vorbau im Rohr der Gabel befestigt ist, kann sich bei längerer Fahrt über schlechte Wege lockern. Mit einem passenden Sechskantschlüssel kann man Abhilfe schaffen.

Die Verschraubungen des Vorbaus müssen den Lenker selbst ebenfalls ohne Spiel festklemmen. Auch Handgriffe, Griffhörnchen und Bremshebel müssen fest auf dem Lenkerrohr sitzen. Vor allem Fahrer, die sich stark nach vorn abstützen, riskieren sonst gefährliche Stürze über den Lenker.

2.1.7 Bremsen

Pedelecs sind mit mindestens zwei, manche mit drei voneinander unabhängigen Bremsen ausgestattet. Jede ist für sich allein zu prüfen.

Das geschieht bei Handbremsen relativ einfach dadurch, dass man den jeweiligen Bremshebel voll anzieht und versucht, das Pedelec zu bewegen. Dabei sollte das gebremste Rad absolut feststehen, und es sollte auch kein Knacken zu hören sein.

Bei Felgen- und Scheibenbremsen empfiehlt sich zudem ein Schleiftest. Wird das Pedelec bei mäßig betätigtem Handbremshebel bewegt, sollte kein metallisches Knirschen zu vernehmen sein. Intakte Bremsbeläge erzeugen ein gummiartig weiches Schleifgeräusch.

Bei mechanisch oder hydraulisch betätigten Felgenbremsen ist es ratsam, den Bremsbelagverschleiß regelmäßig optisch zu prüfen. Bei

TIPP!

Ungewöhnliche Geräusche beim Bremsen lassen auf abgenutzte Bremsbeläge oder Fremdkörper im Bremssystem schließen.

Abb. 2.11 – Das regelmäßige Überprüfen und Nachziehen aller Verschraubungen schützt vor unliebsamen Überraschungen.

Abb. 2.12 – In seltenen Fällen betätigt ein Handbremshebel Vorder- und Hinterradbremse gleichzeitig. In diesem Fall sind die Räder nacheinander mit Druck zu belasten, während man durch Schieben die Bremsen kontrolliert.

Scheibenbremsen ist die Prüfung in einigen Fällen nicht ohne Ausbau des Rads möglich. Viele hydraulisch betätigte Scheibenbremsen besitzen eine Selbstjustierung auf Mittelstellung. Ein anfängliches leichtes Schleifgeräusch vor Fahrbeginn ist deshalb nicht immer ein Hinweis auf Verschleiß der Beläge.

Bei mechanisch betätigten Bremsen empfiehlt sich die Sichtkontrolle der Bremsseile auf Scheuerstellen, Auffaserungen an freiliegenden Stellen oder andere mechanische Beschädigungen.

Hydraulische Bremsleitungen werden auf Dichtigkeit untersucht.

2.1.8 Beleuchtung

Die meisten Pedelecs verfügen über eine klassische Lichtanlage für Fahrräder. D. h., über einen Dynamo und entsprechende Verkabelung werden Fahrscheinwerfer und Rücklicht mit Strom versorgt.

Nach wie vor dominieren die meist an der Hinterradgabel montierten Reibraddynamos. Wichtig ist nicht nur, dass sich das Rad mit dem Dynamo leichtgängig drehen lässt. Das Reibrad sollte außerdem keine Verklebungen oder andere hartnäckig anhaftenden Verschmutzungen oder Schäden an der Gummierung oder Riffelung aufweisen. Es sollte möglichst auf ganzer Höhe an der geriffelten Seitenfläche des Reifens laufen. Damit ist selbst bei Regen und Matsch weitgehend sichergestellt, dass die Beleuchtung funktioniert.

Da die Anlegemechanik des Reibraddynamos vor allem bei Schlechtwetterfahrten stark verschmutzen kann, empfiehlt sich eine Funktionsprüfung.

Viele Pedelecs besitzen statt des Reibraddynamos an Vorder- oder Hinterrad inzwischen einen Nabendynamo in der Vorderradnabe. Diese Bauform ist bei Pedelecs mit Vorderradnabenmotor allerdings nicht möglich. Viele Fahrer lassen den Nabendynamo permanent eingeschaltet, weil das keine zusätzlichen Geräusche oder Anstrengungen verursacht. Tagfahrlicht erhöht die Sicherheit. Hier beschränkt sich die Prüfung vor Beginn der Fahrt lediglich auf die Funktion.

Für die Funktionsprüfung der Beleuchtung gilt, ähnlich wie beim Motortest: Pedelec anheben und das Rad mit angelegtem Dynamo drehen, oder beim Schieben die Funktion von Scheinwerfer und Rückleuchte überprüfen. Zu kontrollieren ist auch der feste Sitz des Scheinwerfers, um ein Blenden des Gegenverkehrs durch einen lose montierten Scheinwerfer auszuschließen.

Abb. 2.13 – Besitzt das Pedelec statt reflektierender Seitenstreifen an der Bereifung klassische Seitenstrahler, die in die Speichen geklemmt werden, sind diese auf festen Sitz prüfen. Ihre Verklemmung in den Speichen kann sich auf holprigen Wegen lockern und der Seitenstrahler irgendwann verloren gehen.

TIPP!

Drücken Sie die Seitenreflektoren nicht zu fest Richtung Nabe, weil dabei die Haltebeinchen brechen können.

Vor jeder Fahrt sind die Vollständigkeit und der richtige Sitz der Vorder-, Rück- und Pedalstrahler überprüfen.
Der ausschließliche Betrieb der Beleuchtung über den Akku des Pedelecs ist nicht zulässig. Manche Pedelecs besitzen allerdings einen zweiten, über den Akku mit Strom versorgten Fahrscheinwerfer. Ist das der Fall, kann man ihn einfach durch Einschalten prüfen. Hinsichtlich der Befestigung und der Leuchtweitenjustierung gelten die gleichen Grundsätze wie bei dem mit Dynamo betriebenen Fahrlicht.
Bei Komfortdisplays mit integrierter Beleuchtung wird diese ebenfalls geprüft.

2.1.9 Klingel

Auch wenn man mit der Klingel eher das klassische Fahrrad mit reinem Pedalantrieb verbindet – das Pedelec wird verkehrstechnisch als solches verstanden und muss ebenfalls mit einer Klingel ausgerüstet sein. Auch wenn mancher Pedelec-Besitzer wegen der höheren Geschwindigkeit seines Pedelecs oder weil der Strom eben zur Verfügung steht, gern eine elektrische Hupe nachrüsten würde – nur die Klingel ermöglicht anderen Verkehrsteilnehmern, das Fahrzeug akustisch als Fahrrad zu identifizieren.

TIPP!

Auf kombinierten Fußgänger- und Radwegen scheuen sich viele Pedelec-Fahrer, zur Klingel zu greifen, um Passanten zu warnen. Das ist falsch verstandene Rücksichtnahme. Klingeln schafft Klarheit und Sicherheit!

2.1.10 Sattel

Ein sicherer Sitz des Fahrers ist das A und O für eine sichere Fortbewegung mit dem Pedelec.

Abb. 2.14 – Kein Pedelec ohne Klingel! Das Sicherheitsutensil muss funktionstüchtig und so angebracht sein, dass man es jederzeit erreicht. Vor Fahrtantritt ist eine Klingelprobe zu machen.

TIPP!

Schnellspanner machen es Langfingern leicht, hochwertige Sättel oder andere Komponenten zu entwenden. Innensechskant- oder besser noch Spezialschrauben erschweren den unrechtmäßigen Zugriff.

Sind Sattel oder Sattelstütze nur ungenügend befestigt, kann das verheerende Folgen haben und schlimmstenfalls in einem Sturz enden. Vor allem Sattel oder Sattelstützen, die mit einem Schnellspanner befestigt sind, sollten deshalb auf korrekten und festen Sitz geprüft werden.

Die Fahrgeometrie Sattel – Lenker – Pedale muss nicht täglich aufs Neue überprüft werden. Einmal richtig eingestellt geht es nur noch darum, dass sich keine Schrauben lockern.

2.1.11 Lastverteilung und Gepäckbefestigung

Heikle Themen sind die zulässige Nutzlast und das Gesamtgewicht eines Pedelecs. Bei einem Pkw ist gelegentlich sogar mit diesbezüglichen polizeilichen Kontrollen zu rechnen.

Ähnlich wie die meisten Pkw-Fahrer wissen viele Radfahrer nichts über die Belastungsgrenzen ihres Fahrzeugs. In der Praxis kann man oft nur staunen, was dem „Drahtesel" alles aufgebürdet wird.

Viele Hersteller von Pedelecs geben mittlerweile in den Bedienungsanleitungen die entsprechenden Belastungshöchstwerte an.

Zu den Prüfungen vor Fahrtantritt sollte deshalb ein Gewichtscheck gehören. Fahrer und Gepäck gemeinsam dürfen die zulässige Nutzlast nicht überschreiten. Hier sollte man sich nicht vom Anblick schwerer Lasten-E-Bikes

Abb. 2.15 – Auch Schnellspanner an Sattelstützen müssen durch die Rändelmutter auf der gegenüberliegenden Seite auf die benötigte Klemmspannung eingestellt werden.

Abb. 2.16 – Selbst kräftige Gepäckträger sind mit Akku plus „großem Gepäck" irgendwann überlastet – ganz abgesehen davon, dass der Hinterbau, Speichen, Felgen und Bereifung die Last verkraften müssen.

verleiten lassen, wie sie z. B. die Post verwendet. Die Postfahrzeuge verfügen über spezielle Rahmenkonstruktionen.

Neben den Möglichkeiten, die Nutzlast durch Umbauten zu erhöhen, wie sie in Kapitel 3.2 beschrieben sind, lässt sich durch die Lastverteilung die Tragfähigkeit des Pedelecs optimal ausnutzen. In der Regel belasten Gepäck und Fahrer vor allem die Hinterachse. Durch die Verwendung von Vorderradtaschen und Lenkerkörben lässt sich ein Teil der Nutzlast in den vorderen Bereich verlagern. Das kann zudem die Straßen- und Kurvenlage des Pedelecs deutlich verbessern. Hier sollte man, vor allem für längere Touren, die optimale Beladung durch eigene Tests ermitteln.

TIPP!

Beachten Sie die Position von Motor und Akku! Bei Heck- und Mittelmotoren sollten Sie Gewicht nach vorn verlagern.

3 Das Pedelec warten und tunen

WARNUNG!

Vor allen Arbeiten am Pedelec, die keine Stromversorgung erfordern, ist das System abzuschalten und der Akku zu entfernen.

3.1 Allgemeine Pflege des Pedelecs

Das Pedelec ist ein Gebrauchsgegenstand, der im besten Fall täglich zum Einsatz kommt. Es bleibt also nicht aus, dass Staub

Abb. 3.1 – Pedelecs wiegen meist zwischen 20 kg und 25 kg. Sie ohne fremde Hilfe auf Sattel und Lenker zu stellen ist schwer. Idealerweise hat man einen Helfer, um Schäden am Fahrzeug zu vermeiden.

TIPP!

Manche hydraulischen Bremssysteme dürfen nicht über Kopf gestellt werden. Informieren Sie sich vorher.

und Schmutz ihre Spuren hinterlassen. Die Frage, wie oft ein Pedelec gereinigt werden sollte, lässt sich nicht mit einem Zeitraum beantworten. Es hängt von der tatsächlichen Verschmutzung ab.
Die erste Frage ist, in welcher Position das Pedelec am besten gereinigt und gewartet werden sollte. Herkömmliche Fahrräder werden meist auf einer geeigneten Unterlage kopfüber auf Sattel und Lenker gestellt, will man Arbeiten an den Laufrädern, der Schaltung oder am Tretlager vornehmen.
Als Unterlagen eignen sich z. B. alte Wolldecken. Gute Dienste leistet auch einseitig beschichtetes Malervlies aus dem Baumarkt bei der Reinigung und Pflege des Pedelecs. Es kann geringe Mengen Öl und Feuchtigkeit sowie andere Verschmutzungen aufnehmen. Wird das Pedelec auf den Kopf gestellt, verhindern soche Unterlagen ein Zerkratzen der Armaturen und des Sattels.
Wer es professioneller und unkomplizierter wünscht, legt sich einen Montageständer zu. Ist das Pedelec darin befestigt, sind Arbeiten wie die Justierung der Schaltung oder die Erneuerung der Bremsbeläge in bequemer Haltung und mit gutem Blick auf die Bauteile durchzuführen. Malervlies sollte auch unter Montageständern ausgelegt werden.

TIPP!

Ermitteln Sie das Gesamtgewicht des Pedelecs und verwenden Sie Montageständer mit einer Tragfähigkeit von mindestens plus 10 % als Sicherheitsreserve.

Die Tragfähigkeit vieler Montageständer ist allerdings auf herkömmliche Fahrräder ausgelegt und bewegt sich um die 15 kg. Solche Ständer dürfen auf gar keinen Fall für ein Pedelec benutzt werden.
Es gibt Montageständer, die statt an einer der Kurbeln an der Tretlagerachse befestigt werden. Andere nehmen die Hinterachsbefestigung auf. Ob diese Ständer sich eignen, hängt von der Bauart des Pedelecs ab.
Verfügt das Pedelec über einen Doppelständer, bietet er meist ausreichend Halt bei vielen Arbeiten. Soll eines der Laufräder entfernt werden, wird das Pedelec entsprechend nach vorn oder hinten gewippt und beispielsweise mithilfe eines kleinen sandgefüllten Rucksacks an Lenker oder Gepäckträger in dieser Wippstellung fixiert.

3.1.1 Regen- und Matschfahrten

Extremwetterlagen haben in den vergangenen Jahren in Deutschland zugenommen. Immer wieder kommt es zu wolkenbruchartigen, plötzlich auftretenden Starkregenfällen.
Bei solchen Unwettern sollte man mit dem Pedelec schnellstens eine trockene Unterstellmöglichkeit aufsuchen. Elektronik und Batterie könnten sonst Schaden nehmen.

TIPP!

Es ist eine Überlegung wert, Regenponchos oder -capes mitzuführen, die große Teile des Pedelecs mit abdecken, indem sie über Lenker und Gepäckträger gezogen werden.

Zumindest nach jeder Regen- oder Matschfahrt sind Rahmen, Räder, Schutzbleche außen und innen, Pedale und Gepäckträger am besten mit einem Eimer lauwarmem Wasser,

einem Schwamm und einer weichen Bürste vom groben Schmutz zu befreien.
Entfernen Sie zuvor unbedingt den Akku!
Nach dem Waschen reiben Sie das Pedelec mit einem fusselfreien Tuch trocken. Insbesondere Motor, Verkabelungen und Schalteinrichtung müssen gründlich getrocknet werden. Waschen Sie bei dieser Gelegenheit keinesfalls die Kette, den oder die Zahnkränze und bei Kettenschaltungen die Ritzel mit spülmittelhaltigem Wasser. Dadurch würden die Schmiermittel entfernt. Folge wären Funktionsbeeinträchtigungen, Rost und möglicherweise langfristig auch irreparable Schäden.

WARNUNG!

Wenn das Pedelec bei Regen ungeschützt auf einem Pkw-Fahrradträger transportiert wurde, besteht Kurzschlussgefahr. Durch Verwirbelung und Druck kann Wasser in Strom führende Teile eingedrungen sein. Lassen Sie Pedelec-Elektrik und -Elektronik vor Benutzung erst komplett trocknen. Besser ist die Benutzung einer Transportplane. Zumindest Motor, Display und Akkuhalterung sind wasserdicht abzudecken. Den Akku sollten Sie immer entnehmen.

3.1.2 Extreme Sonneneinstrahlung

Bei extremem Wetter im Sommer kann es zu übermäßiger Sonnenbestrahlung und Beschädigungen insbesondere des Akkus, aber auch des Displays kommen, wenn das Pedelec längere Zeit an einem sonnigen Platz geparkt wird. Deshalb sollten Sie unbedingt schattige Abstellmöglichkeiten suchen.
In solchen Trockenperioden sind Fahrradwege durch Feld und Wald besonders staubig. Wer seinem Pedelec Gutes tun will, sollte am Ende der Tagesetappe den Staub mit einem weichen Handfeger entfernen. Das vermeidet Kratzer.

Abb. 3.2 – Längst nicht altmodisch oder nur etwas für Hochglanzfanatiker: Solche Putzringe, regelmäßig mit etwas Öl versehen, halten die Speichenköpfe in den Nabenösen geschmeidig.

Danach putzt man ebenfalls mit einem fusselfreien Tuch und eventuell etwas Fahrradwachs nach.
Bei hoher Staubbelastung, insbesondere bei mehrtägigen Pedelec-Touren, sind Naben, Zahnkränze und Ritzel, Umwerfer und Schaltwerk sowie offen in Führungen liegende Bowdenzüge regelmäßig zu reinigen. Zuerst sind die Teile mit einem Reinigungspinsel oder einem weichen Tuch vom Staub zu befreien. Besprühen Sie das Tuch zuvor mit einem Kriechöl. Halten Sie Akku und Akkuhalterungen, Schalteinheit und Motorenbauteile ebenfalls staubfrei.

3.1.3 Nach Winterfahrten auf gestreuten Wegen

Ähnlich wie nach einer Fahrt durch Regen und Matsch sollte das Pedelec bei der Ganzjahresbenutzung im Winter nach Gebrauch regelmäßig von Schmutz und vor allem Salzresten gereinigt werden.
Da, wo die Wege und Straßen gestreut wurden, verringert sich zwar das Unfallrisiko für den Fahrer durch Ausgleiten, die Gefahr schleichender Korrosion für das Fahrzeug nimmt aber dramatisch zu. Insbesondere verwinkelte Ecken an den Schaltungen, am Rahmen und an der Elektronik sollten deshalb regelmäßig von den Ablagerungen befreit werden.
Soll das Pedelec gewaschen werden, ist kaltes Wasser warmem vorzuziehen, um eine Laugenbildung mit den Sprühmittelrückständen zu verringern. Ging die Fahrt über gestreute Straßen oder Wege, müssen Bremsen und Schaltungen von eventuell eingeklemmten Streugutrückständen befreit werden. Insbesondere zwischen Bremsklötzen und Felgen und in den Spalten der Bremssättel bei Scheibenbremsen nisten sich gern kleinkörnige Materialien ein. Das kann zum totalen Funktionsausfall der Bremsen führen.

3.1.4 Turnusmäßige Reinigung

Für die turnusmäßige Reinigung empfiehlt es sich, etwas mehr Zeit einzuplanen. Am besten ist es, einen festen Rhythmus dafür vorzusehen. Das kann beispielsweise alle zwei Wochen sein, einmal monatlich oder alle 200 km.

TIPP!

Hinterlegen Sie im PC- oder Mobiltelefonkalender eine regelmäßige Erinnerung. So verlieren Sie die Termine nicht aus den Augen.

Bei allen Reinigungsarbeiten sind die allgemeinen und örtlichen Vorschriften für den Schutz der Umwelt einzuhalten. Ölhaltiges Wasser darf nur über einen Ölabscheider in die öffentliche Kanalisation gelangen. Wer geölte oder gefettete mechanische Teile mit spülmittelhaltigem lauwarmen Wasser reinigen will, sollte also einen öffentlichen Fahrzeugwaschplatz aufsuchen – es sei denn, er verfügt auf dem eigenen Grundstück über eine entsprechende Einrichtung.
Grundsätzlich ist nichts dagegen einzuwenden, das Pedelec einmal jährlich mit der Schaumbürste an einem Selbstbedienungs-Autowaschplatz vorzureinigen und dann mit Eimer, Klarwasser und Bürste nachzuspülen. Der Wasserkontakt mit Schalteinheit und Motorelektronik ist aber möglichst zu vermeiden. Danach werden mechanische Komponenten gepflegt!

WARNUNG!

Hochdruckreiniger sind Gift für Elektronik und Lager des Pedelecs. Egal, ob Bürsten- oder Handwäsche – entfernen Sie vor jedem Waschen den Akku aus dem Pedelec!

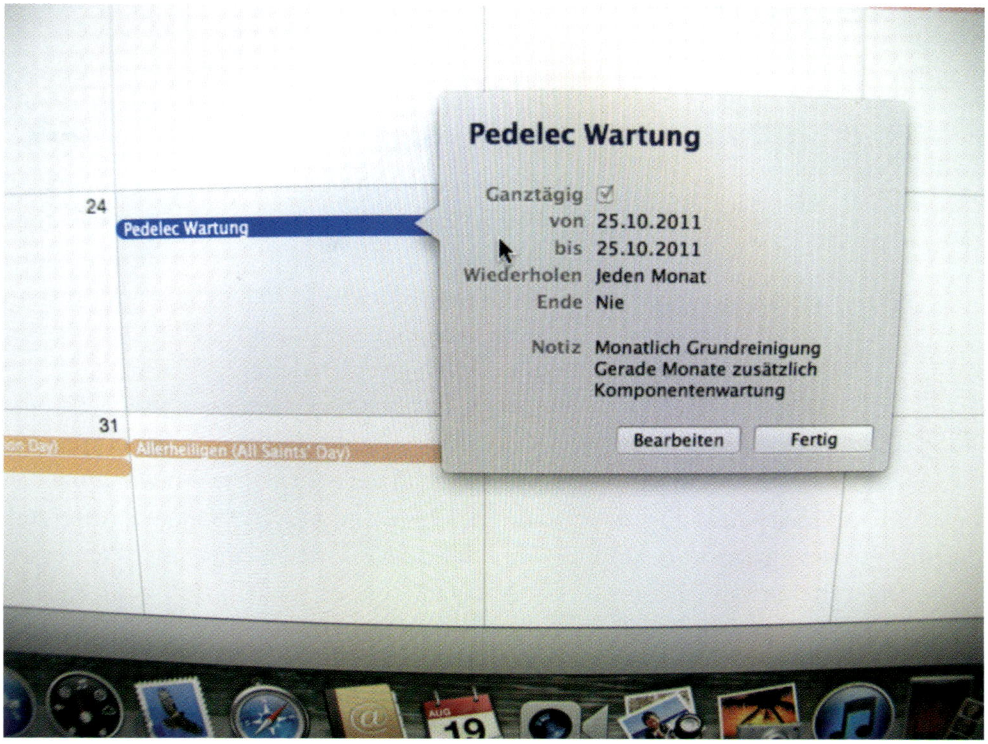

Abb. 3.3 – Oft ist es reine Vergesslichkeit, wenn man sein Pedelec nicht regelmäßig putzt und wartet. Wer in seinem PC-Kalender einen regelmäßigen Erinnerungstermin einträgt, wird ab sofort erinnert.

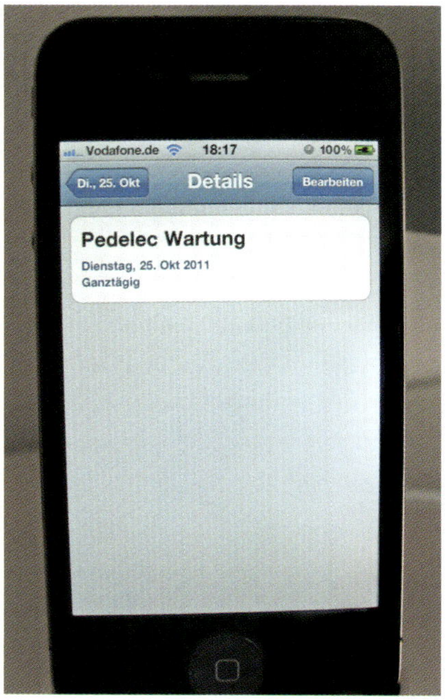

Abb. 3.4 – Selbst das Mobiltelefon wird dann zum Helfer. Beizeiten erinnert, vergisst man nicht das Pedelec regelmäßig zu reinigen.

Für Kette, Zahnkränze, Schaltungseinrichtungen und Bremsvorrichtungen gibt es spezielle Reinigungssets mit gebogenen kleinen Bürsten und Pinseln. Am besten verwendet man hier Kriechöl oder Reinigungsalkohol, um Öl- und Kettenfettrückstände zu entfernen.

Abtropfende Reinigungsflüssigkeit sollte mit Küchentüchern aufgefangen und in Mülltüten verpackt als Sondermüll über die örtliche Müllentsorgung beseitigt werden. Wer als Kraftfahrer eine Stammtankstelle hat, kann möglicherweise dort die schadstoffhaltigen Putzabfälle seines Pedelecs vorschriftsmäßig entsorgen.

Schutzbleche sind zunehmend aus Kunststoff gefertigt, sodass kaum noch Gefahr besteht, dass sie verrosten. Trotzdem sollten die Innenseiten gründlich gereinigt werden. Das schützt die Verschraubungen vor Staunässe und folgender Verrottung und verhindert, dass Schmutzklumpen am Reifenprofil schleifen.

TIPP!

Wahre Schmutzfänger sind die Befestigungen von Seiten- oder Mittelständern. Vor allem bei einer Befestigung hinter dem Tretlager entstehen gern Schmutznester, die Feuchtigkeit speichern und dem Rost einen guten Nährboden bieten. Eine alte Zahnbürste hilft hier, selbst die kleinsten Ecken zu erreichen.

Blanke Metallteile und lackierte Komponenten werden nach dem Waschen getrocknet und mit einem Metallpflegemittel behandelt. Handelsübliche Fahrradpflegemittel sind dafür gut geeignet. Beste Spritzwasser und Regen abweisende Wirkung erzielt man mit Pflegewachs, wie es speziell für Fahrräder meist in Pumpsprühflaschen angeboten wird.
Chromteile werden mit handelsüblicher Chromputzpaste eingerieben und blank poliert. Das schafft nicht nur glänzende Oberflächen, es hält auch die Chromschicht geschmeidig und verhindert, dass sie aufplatzt und abblättert.
Bei Aluminiumteilen gilt es, besonders vorsichtig zu Werke zu gehen. Poliertes Aluminium kann mit Metallputzmittel behandelt werden. Aluminiumteile in stumpfem Edel-Look dürfen allerdings nur mit speziellem Aluminiumpflegeöl behandelt werden. Sie bekommen sonst eine glattpolierte Oberfläche.

WARNUNG!

Wann immer mechanische Teile gewaschen oder gereinigt und entfettet worden sind, müssen sie nach den Wartungsvorschriften anschließend wieder gefettet und geölt werden.

3.1.5 Reinigung des Sattels

Auch Sättel brauchen Reinigung und Pflege.
Gel oder anderweitig gepolsterte Kunststoffausführungen werden mit einem Kunststoffreiniger oder lauwarmem Wasser mit ein wenig Spülmittel gesäubert. Die anschließende Behandlung mit einem Kunststoffpflegemittel schützt vor dem Ausbleichen in der Sonne und dem typischen „Pelldesign“, also dem Reißen und Brüchigwerden der oberen Schicht.
Ledersättel benötigen eine geraume Zeit, ehe sie ihren vollen Sitzkomfort erreichen. Sie müssen sich quasi an den Nutzer anpassen und das Leder muss „weichgefahren“ werden. Hier zahlt sich Geduld aber aus. Wer einen gut eingefahrenen Ledersattel besitzt, wird ihn niemals gegen einen noch so ergonomisch gepolsterten Gelsattel tauschen.
Die unterseitigen Federn, Verschraubungen und sonstigen Metallteile eines Sattels kann man mit einem fusselfreien Tuch reinigen, das zuvor mit etwas Kriechöl oder einem Metallpflegemittel eingesprüht wird.

3.1.6 Reinigung von Handgriffen und Lenkerarmaturen

Mit den Handgriffen wird, je nach Material, so wie mit den Sätteln verfahren. Bremshebel und Betätigungen für die Schaltung sind am besten mit einem feinen Reinigungspinsel und einem Tuch sauber zu halten. Mechanisch bewegliche Teile sollten regelmäßig mit einem Tropfen Feinmechaniköl leichtgängig gehalten werden.

3.1.7 Reinigung des Displays

Die meisten Displays der Bordcomputer und die Oberflächen der Schalteinheiten sind aus Kunststoff und können zerkratzen. Gehen Sie deshalb mit Reinigungsmitteln vorsichtig zu Werke. Bei großflächigen Bedienungseinheiten lohnt sich der Kauf eines speziellen Kunst-

Abb. 3.5 – Anspruchsvoller als kunststoffbezogene Sättel sind solche aus Echtleder in der Pflege. Am besten ist es, ein wachshaltiges Lederpflegemittel oder das empfohlene Produkt des Sattelherstellers zu benutzen.

Abb. 3.6 – Bei diesem Ledersattel lässt sich die Sitzflächenspannung durch einen Spezialschlüssel regulieren.

Abb. 3.7 – Manche Pkw-Hersteller bieten für Kunststoffheckscheiben ihrer älteren Cabriomodelle Pflegemittel an, die teils sehr gut für die Displaypflege geeignet sind. Man sollte sie aber vorher an einem vergleichbaren Material testen!

Abb. 3.8 – Regelmäßiges Nachziehen dieser Mutter erspart Ärger mit ausgerissenen Ventilen.

stoff- oder Displaypflegemittels, beispielsweise in einem Mobiltelefon-Shop. Es verhindert, dass der Kunststoff spröde wird, wenn er extremer Sonnenbestrahlung ausgesetzt ist.

3.2 Wartung und Tuning von Laufrädern und Bereifung

Es ist zwar mühselig, aber Naben, Speichen und Felgen danken sorgfältige Handarbeit im Anschluss an die Wäsche. In der Regel sind Naben und Speichen aus Edelstahl. Wer sie dauerhaft erhalten will, reinigt und poliert jede Speiche einzeln und ölt sie dann leicht ein. Das bedeutet auch Sicherheit, weil das Öl die Arbeit des Speichenkopfs im Nabenloch erleichtert und damit den Verschleiß der Speichen vermindert. Mit einer kleinen Fußbank als Sitzhilfe und einer ausrangierten Baumwollsocke gehen die Arbeiten leicht von der Hand.

Felgen werden gut gereinigt, aber niemals geölt – schon gar nicht, wenn das Pedelec mit Felgenbremsen ausgestattet ist, denn dann würde die Bremswirkung verloren gehen. Schlimmstenfalls zersetzen sich die Bremsbeläge. Zudem könnte das Öl an die Fahrradmäntel gelangen. Eine Rutschpartie wäre dann vorprogrammiert.

Nach dem Waschen wird die Bereifung Zentimeter für Zentimeter auf Beschädigungen und Fremdkörper untersucht. Vor allem die Seitenwände der Mäntel leisten im Fahrbetrieb Schwerstarbeit, besonders, wenn das Pedelec bis an die zulässige Grenze belastet wird und der Luftdruck möglicherweise nicht immer die vorgeschriebene Höhe hat.

Mit zunehmendem Alter bekommen Pedelec-Reifen feine Seitenwandrisse. Spätestens dann muss die Bereifung erneuert werden.

TIPP!

Das Profil der Reifen sollte an keiner Stelle 1 mm unterschreiten.

Ein kleiner Mangel kann bei dieser Gelegenheit gleich beseitigt werden. Die Ventile, gleich welcher Bauart, sind auf der Felge mit einer Rändelmutter fixiert.

Zweck ist es, ein Wandern des Schlauchs im Reifen und ein Verziehen des Ventils zu unterbinden. Das geschieht vor allem bei zu geringem Luftdruck und kann schlimmstenfalls zu einem Ausreißen des Ventils aus dem Schlauch führen. Schlagartiges Entweichen der Luft wäre die Folge.

3.2.1 Vorderrad ein- und ausbauen

Benötigte Werkzeuge:

- Montageständer
- Fahrradschlüssel/Ring- oder Maulschlüssel (je nach Zugänglichkeit) mit der Schlüsselweite der Achsverschraubung
- Großer und kleiner Schraubendreher
- Zange mit glatten Innenflächen
- Arbeitshandschuhe
- Malervlies
- Luftpumpe
- Luftdruckprüfer
- Transportsicherung bei Scheibenbremsanlagen
- Eventuell Fühlerlehrenfächer
- Sechskantschlüssel
- Drehmomentschlüssel

Abb. 3.9 – Unter der Kunststoffabdeckung befinden sich Anschlusskabel und Drehmomentstütze des Vorderradnabenmotors. Sie schützt vor Verschmutzung.

Ist der Pedelec-Motor in der Vorderradnabe, müssen zuerst die elektrischen Kabel unterbrochen werden. Zuvor ist die Antriebsanlage abzuschalten und der Akku zu entfernen.

Beim Entfernen sind die Hinweise des Herstellers zu beachten. Gewalt ist zu vermeiden.

Ist die Abdeckung entfernt, ist die eigentliche Kabelverbindung zugänglich. Dabei handelt es sich fast immer um eine Steckverbindung. Nach dem Drücken einer kleinen Kunst-

TIPP!

Wer sichergehen will, dass er anschließend alles wieder exakt richtig zusammensetzt, macht sich detaillierte Notizen über jeden Arbeitsschritt oder Lagefotos mit einer Digitalkamera.

Abb. 3.10 – Erst wenn die rückseitige Verschraubung der Abdeckung gelöst ist, lässt sich diese nach vorn abnehmen. Hier muss man Vorsicht walten lassen und mit kleinen Haltezungen oder Verriegelungen an der Abdeckung rechnen, die abbrechen könnten.

Abb. 3.11 – Um die Bremsschuhe so weit wie möglich auseinanderzuschieben, wird die Kontermutter der Bowdenzug-Durchführung am Handbremshebel zurückgedreht und die Stellschraube selbst vollständig in die Griffarmatur eingedreht.

stoffverriegelung kann der Stecker getrennt werden. Eine falsche Montage wird durch eine einseitige Führungsnut verhindert. Trotzdem ist es empfehlenswert, die Zusammengehörigkeit der Kabel nach Farbe festzuhalten. Manchmal sind sie nur knapp in den Steckern verklemmt und lösen sich bei etwas Zug aus der Halterung.

Ebenfalls häufig unter der Abdeckung platziert ist die Stützverschraubung des Nabenmotors, mit der er zusätzlich in der Gabel gegen Verdrehung fixiert ist. Sie wird nun ebenfalls entfernt.

Ist statt des Nabenmotors in der Vorderachse der Dynamo platziert, gelten die Arbeitsschritte analog.

Ist das Vorderrad mit einer mechanischen Felgenbremse ausgestattet, müssen vor seinem Ausbau die Bremsschuhe so weit gespreizt werden, dass das Rad hindurchgezogen werden kann.

Eventuell genügt das bereits. Bei manchen Bremssystemen lassen sich zudem die Bowdenzüge aus einer Karabinerbefestigung am Cantileverhebel unkompliziert aushängen

TIPP!

Etwas Bewegungsspielraum für die „schnelle Demontage" wird durch das vollständige Ablassen der Luft aus der Bereifung geschaffen. Dadurch lässt sich das Rad besser aus den Bremsen fädeln. Bei einer Unterwegspanne ist das Rad beim Ausbau ohnehin „platt". Aufgepumpt wird erst wieder nach der Montage.

und die Bremsen öffnen sich vollständig. Bei der turnusmäßigen Wartung des Pedelecs empfiehlt es sich, das Bremsseil in jedem Fall auch bei verschraubten Konstruktionen zu demontieren.

Hydraulische Felgenbremsen verfügen meist über eine Schnellspannvorrichtung auf einer Seite. Diese wird gelöst und der Bremszylinder je nach Bauart ausgeschwenkt oder herausgezogen. Dann kann das Vorderrad hindurchgeführt werden.

Bei manchen Anlagen muss auf einer oder auf beiden Seiten der Bremssattel mit einem Sechskantschlüssel gelöst werden, damit er vom Befestigungsbolzen gezogen werden kann.

Abb. 3.12 – Man muss die Scheibe vorsichtig aus der Führung des Bremssattels ausfädeln, sonst kann es zu Schäden an Bremssteinen oder der Scheibe selbst kommen.

Bei Scheibenbremsen kommt es vor allem darauf an, die Scheibe bei der Demontage des Rads nicht zwischen den Zangen zu verkanten. Das kann zu Dellen und Verbiegungen der Scheibe und zu einer Beschädigung der Bremsbeläge oder gar des Bremssattels führen.
Sofort nach der Entnahme des Rads ist bei Scheibenbremsen die vom Bremsenhersteller mitgelieferte Transportsicherung zwischen die Bremsbeläge zu klemmen. Andernfalls kann es durch versehentliches Betätigen des Bremshebels zu einem vollständigen Zusammendrücken beider Bremsbeläge kommen.
Ist dies dennoch einmal geschehen, müssen die Beläge vorsichtig wieder auseinandergedrückt werden. Am besten geht das mithilfe eines metallischen Fühlerlehrenfächers, der für wenige Euro im Baumarkt erhältlich ist. Die Blechzungen werden, angefangen mit der dünnsten, vorsichtig zwischen die Bremssteine geschoben und der Spalt wird damit Stück für Stück geweitet. Hier ist allerdings viel Gefühl

Abb. 3.13 – Der Schnellspannhebel wird gelöst. Anschließend wird die Mutter auf der gegenüberliegenden Seite so weit nach links gedreht, bis die Achse ohne Schwierigkeiten den Ausfallenden entnommen werden kann. Dabei ist auf die Positionen der Unterlegscheiben und der Scheibennasen zu achten.

TIPP!

Stellen Sie Pedelecs mit hydraulischen Bremsanlagen bei Wartungs- und Reparaturarbeiten nur dann auf Sattel und Lenker, wenn der Bremsenhersteller das erlaubt.

gefragt, um die Bremsbeläge nicht zu beschädigen.

Um das Vorderrad auszubauen, wird das Pedelec entweder über Kopf auf Sattel und Lenker gestellt oder in einem Montageständer befestigt. Zuletzt wird der Schnellspannhebel gelöst und das Vorderrad aus den Gabelenden entnommen. Dabei sollte auf die Reihenfolge und die Lage eventuell vorhandener Unterlegscheiben geachtet werden. Gelegentlich finden sich hier Varianten mit angearbeiteten Nasen, die in eine an der Gabel angebrachte kleine Bohrung einzusetzen sind.

Nabenmotoren wiegen mehrere Kilogramm. Bei der Demontage eines nabengetriebenen Rads muss man entsprechende Vorsicht walten lassen.

Abb. 3.14 – Platzieren Sie Schnellspannhebel am besten parallel zur Gabel und drücken Sie sie kräftig an. Daumendruck allein ist zu wenig. Der Handballen sollte notwendig sein, um den Hebel zu schließen.

Ist die Achse mit einfachen Muttern verschraubt, werden diese auf beiden Seiten ausreichend gelockert und das Rad dann aus den Gabelenden herausgezogen.

TIPP!

Benutzen Sie, wenn möglich, zum Lösen der Verschraubungen Ringschlüssel. Mit ihnen ist die Gefahr am geringsten, Flächen an den Muttern zu beschädigen und zu überdrehen.

Der Wiedereinbau erfolgt in umgekehrter Reihenfolge. Wichtig für den korrekten Geradeauslauf ist der schlüssige Einschub der Achsenden in die Halterungen der Gabel. Hier darf kein Spiel vorhanden sein. Beidseitig verschraubte Achsen werden mit üblichem Fahrradwerkzeug kräftig von Hand festgezogen. Gibt der Hersteller in der Bedienungsanleitung ein Anzugsdrehmoment vor, wird dazu ein Drehmomentschlüssel verwendet. Sobald die voreingestellte Anzugskraft erreicht ist, rutscht er wirkungslos über den Druckpunkt und verhindert somit ein Überspannen der Achse.

Bei Schnellspannern muss die richtige Klemmstärke durch die gegenseitig angebrachte Rändelmutter voreingestellt werden. Das bedarf etwas Übung. Der Spanner ist so fest zu schließen, dass mit einem Handballen kräftig Druck ausgeübt werden muss und der Spanner nicht ganz parallel zur Gabelachse positioniert ist, also eine kleine Druckreserve bleibt.

Ist die Steckverbindung des Vorderradnabenmotors oder des Nabendynamos wieder zusammengefügt, sind die Kabel wieder so zu verlegen, wie sie ursprünglich positioniert waren. Mussten Kabelbinder aufgeschnitten werden, sind sie durch neue zu ersetzen. Insbesondere Kabelführungen um die Achsenden herum können sonst schnell problematisch werden.

Abschließend wird der Reifen aufgepumpt und der exakte Rundlauf des Rads kontrolliert. Die Bremsen werden nötigenfalls nach dem später beschriebenen Vorgehen eingestellt. Eine Bremsprobe komplettiert die Funktionsprüfung des Vorderrads.

3.2.2 Hinterrad ein- und ausbauen

Benötigte Werkzeuge: Wie beim Ein- und Ausbau des Vorderrads.

Ist der Pedelec-Motor in der Hinterradnabe platziert, müssen analog zur Frontmotorbauweise die elektrischen Verbindungen getrennt werden. Grundsätzlich unterscheidet sich die Hinterraddemontage vom Vorderrad vor allem durch die zusätzlichen Arbeiten am Kettenantrieb, am Schaltwerk oder den Betätigungsseilen der Nabenschaltung. Die Vorgehensweise hinsichtlich der Bremsen entspricht der beim Vorderrad.

Bei einer Nabenschaltung muss vor dem Ausbau des Rads deren Betätigungsmechanismus gelöst werden. Bei manchen Naben ist dazu ein vorgeschriebener Gang einzulegen. Das ist meist der, bei dem die Seilzüge für die Nabenbetätigung weitestgehend entspannt sind.

Bei manchen Naben lassen sich die Seilzüge durch Karabinerverbindungen mit wenigen Handgriffen trennen, bei anderen muss eine externe Schaltbox von der Nabe abgeschraubt werden. Es gibt auch Varianten, bei denen ein Schaltkettchen aus einem Klemmclip gezogen wird. Die genaue Vorgehensweise ist der jeweiligen Bedienungsanleitung zu entnehmen.

Als Nächstes ist auch bei Naben mit integrierter Schaltung/Rücktritt die Drehmomentstüt-

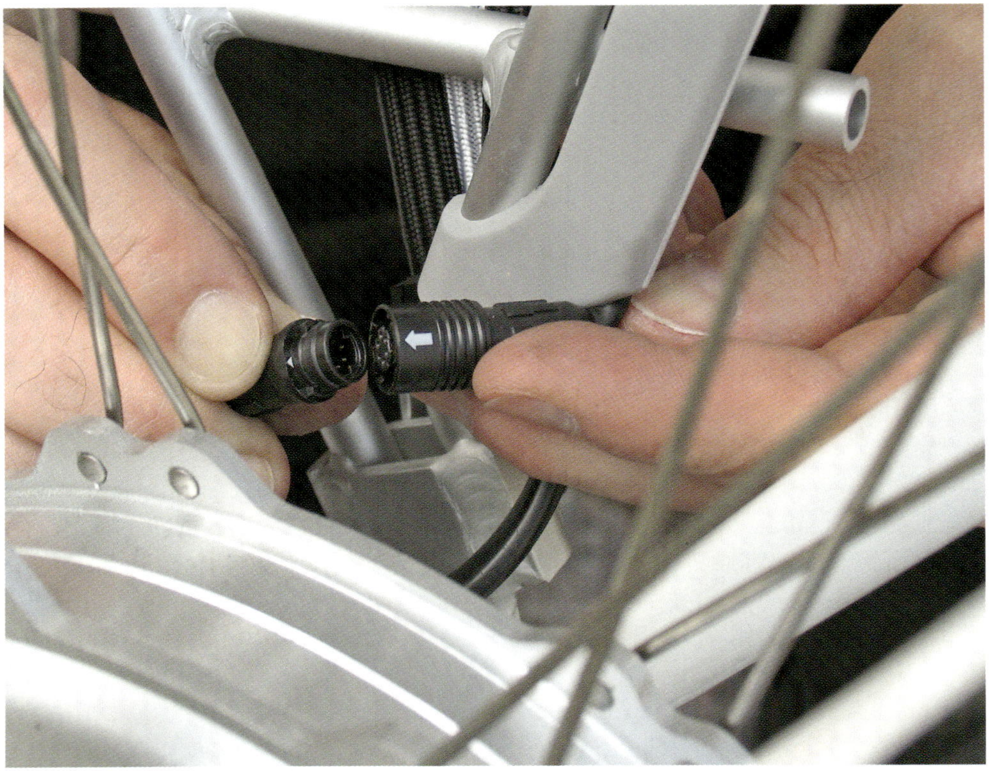

Abb. 3.15 – Der weiße Pfeil rechts ist gut zu sehen. Auf der linken Seite weist aber nur ein unscheinbares weißes Dreieck auf den richtigen Sitz dieses Steckers an einem Hinterradnabenmotor hin.

Abb. 3.16 – Ist das Betätigungsseil der Nabenschaltung durch Drehen der Spannschrauben am Drehgriff oder an der Nabenachse entspannt, lässt es sich an dieser Stelle ohne Schwierigkeiten aushängen, um das Hinterrad zu demontieren.

ze, mit der die Nabe sich an der Kettenstrebe abstützt, zu demontieren.

Bei der klassischen Kettenschaltung und bei einigen Schaltnaben sorgen gefederte Kettenspanner für die optimale Kettenspannung. Um eine montagefreundliche Position des Kettenspanners vorab einzustellen, empfiehlt es sich, die Kette vor der Raddemontage auf das kleinste Ritzel zu stellen. Da es sich am äußeren Ende des Ritzelpakets befindet, erleichtert das das Entfernen und Wiederauflegen der Kette.

Nach dem Lösen der Achsverschraubungen kann das Hinterrad nun ohne große Schwierigkeiten aus den Ausfallenden der Hintergabel herausgehoben werden. Dabei wird die Kette seitlich vom Ritzel heruntergehoben.

TIPP!

Bei dieser Arbeit empfiehlt sich wegen der Verschmutzung von Kette und Ritzeln das Tragen von leichten Arbeitshandschuhen.

Schwieriger ist es, das Hinterrad wieder einzusetzen und die Kette auf Anhieb in die richtige Position zurück auf das Ritzel zu bringen. Vor allem wenn der Motor mit seinem Gewicht in der Hinterradnabe sitzt, erfordert das einiges Jonglieren. Bei den meisten Schaltungen springt die Kette allerdings später von selbst in die richtige Position.

Die Drehmomentstütze muss wieder eingesetzt werden, während die Achsenden in die Ausfallenden gleiten.

Bei einer Kettenschaltung sitzen die Achsenden meist in festen Positionen.

Bei einer Nabenschaltung wird die Kettenspannung durch die Positionierung der Achsenden in den Ausfallenden voreingestellt und dann die Achsverschraubung leicht angezogen.

Um einen korrekten Geradeauslauf des Pedelecs sicherzustellen, muss das Hinterrad perfekt

TIPP!

Einfache Laserentfernungsmesser aus dem Baumarkt können ebenfalls eine brauchbare Richtlinie für das Fluchten des Hinterrads liefern.

im Hinterbau fluchten. Das minimiert zudem den Reifenverschleiß. Stehen keine Hilfsmittel zur Verfügung, muss über Reifenkanten und Sitzrohr gepeilt werden. Genauer ist es, dazu eine entsprechend lange Richtlatte an Unter- und Sitzrohr des Rahmens anzulegen und das Hinterrad danach auszurichten.

Auf der Seite des Ritzelpakets ist der Abstand vom Rahmen allerdings größer, als auf der gegenüberliegenden Seite.

Ist das Hinterrad in der Flucht, wird die Kettenspannung noch einmal geprüft und dann die Verschraubung festgezogen.

Sollte das Pedelec mit einem Reibraddynamo am Hinterrad ausgestattet sein, ist der exakte Kontakt des Reibrads mit der Riffelflanke des Reifens zu überprüfen und notfalls die Dynamostellung zu korrigieren.

Die Betätigung der Nabenschaltung ist wieder zu montieren und die Schaltung möglicherweise neu zu justieren.

3.2.3 Speichen spannen und Rad zentrieren

Benötigte Werkzeuge:

- Wie beim Radein- und -ausbau
- Zentrierständer
- Werkbank, eventuell mit Schraubstock
- Nippelspanner
- Schieblehre
- Beschreibbarer Klebestreifen

Felgen und Speichen leisten Schwerstarbeit. Sie schultern die gesamte Last, müssen die Kraft zur Fortbewegung auf die Fahrbahn übertragen, seitliche Fliehkräfte in Kurven kompensieren und gewaltige Beanspruchungen beim Bremsen verkraften.

Insbesondere Scheibenbremsen, die nicht am Außenradius angreifen, sondern vermittelt durch die Nabe über die Speichen wirken, führen zu erheblichen Biegebelastungen der Speichen.

Das bleibt nicht ohne Folgen für deren Spannung. Dabei war von den Stößen und Erschütterungen, die der normale Fahrbetrieb über Stock und Stein, Bordsteinkanten und Schlaglöcher mit sich bringt, noch gar nicht die Rede. In der Folge können sich einzelne Speichen lockern und Felgen verziehen.

Derartige Verformungen gehen auf Kosten der Fahrsicherheit. Deshalb müssen solche Schä-

Abb. 3.17 – Die Zugspannung lässt sich am einfachsten durch das Zusammendrücken jeweils zweier nebeneinanderliegender Speichen prüfen. Jede Seite wird für sich genommen untersucht, weil die Speichenspannung auf den Radseiten unterschiedlich sein kann. Die Speichen sollten leicht nachgeben.

den umgehend behoben werden. Vor allem bei neuen Fahrzeugen oder Laufrädern muss man außerdem mit einer Einfahrzeit rechnen, in der sich die Speichen „setzen“, also an Spannung verlieren.

Der „Klimpertest“ (siehe Kapitel 2) gibt durch einen dunkleren Ton ebenfalls Aufschluss, wo einzelne Speichen locker sind.

Ist das der Fall, muss das Rad zum Nachspannen demontiert werden. Diese Arbeiten sollten nur in Ausnahmefällen am eingebauten Laufrad vorgenommen werden. Aber auch dann muss das betreffende Rad in jedem Fall vollständig entlastet werden.

Einzelne lockere Speichen werden mit einem Nippelspanner vorsichtig nachgezogen. In Viertelumdrehungen ist die jeweilige Speiche nachzujustieren. Zum Festziehen wird gegen den Uhrzeigersinn gedreht.

TIPP!

Die Nippelweite sollte zuvor mit einer Schieblehre gemessen werden. Einmal einen zu großen Nippelspanner angesetzt, sind meist die Nippelflanken schon zerstört. Am weitesten verbreitet ist die Größe 3,25 mm, gefolgt von 3,30 mm und 3,45 mm.

Am besten erledigt man diese Arbeit an der blanken Felge, also ohne Bereifung. Dadurch lassen sich eventuelle Höhen- und Seitenschläge der Felge besser erkennen.

Abb. 3.18 – Zum Spannen einer Speiche wird der Nippelspanner in vorsichtigen Schritten von Viertelumdrehungen gegen den Uhrzeigersinn bewegt.

Abb. 3.19 – Der Zentrierständer entspricht dem Prinzip einer auf dem Kopf stehenden Fahrradgabel. Es gibt Ausführungen, die in einen Schraubstock gespannt werden, andere verfügen über einen eigenen Standfuß. Wichtigstes Element sind die fein einstellbaren Fühlerenden, an denen entlang der Felge gedreht wird. So lassen sich auch kleinste Höhen- und Seitenschläge erkennen.

Zeigt sich die gefürchtete „Acht“ bereits auf den ersten Blick in einer der Felgen, ist ihr Schicksal in der Regel besiegelt. Eine solche Verformung ist meist Folge von Überladungen bei ungenügender Speichenspannung oder von kräftigen Stößen beim Überfahren von Bordsteinen.

Um leichten Verzug in Höhe und Seite zu erkennen, bedarf es einiger Erfahrung. Hilfreich ist ein Zentrierständer. Er ist aber recht teuer und die Anschaffung lohnt sich nur, wenn man solche Arbeiten regelmäßig selbst erledigen will.

Seitenschläge werden behoben, indem zu lockere Speichen auf gleicher Höhe auf der Seite daneben vorsichtig nachgespannt werden. Jede zweite Speiche führt auf die Nebenseite. Dazu wird der Schlag zuvor mit Filzstift oder Klebeband markiert, und zwar vom Beginn bis zum Ende der Felgenunregelmäßigkeit. Je nach Ausschlag werden dann die zur anderen Nabenseite führenden Speichen in Viertelschritten angepasst, bis der Schlag ausgeglichen ist.

Bei Höhenschlägen ist das Zentrieren aufwendiger. Ausbeulungen entstehen, wo die Speichen zu wenig Spannung haben, Einbuchtungen bei zu viel Zug. Zuerst wird versucht, durch Regulierung der Speichen auf der um 180° entgegengesetzten Seite Abhilfe zu schaffen. Bei einer Delle werden also die Speichen gegenüber leicht gelockert. Auch hier sollte man in präzisen Viertelschritten vorgehen.

Räder zu zentrieren erfordert viel Geschick und Geduld. Fachwerkstätten bieten diese Dienstleistung oft relativ preiswert an. Diese Arbeit gehört zu dem, was man bei der Pflege und Wartung des Pedelecs schon als „hohe Schule“ bezeichnen könnte. Ein selbst zentriertes Rad, so sagt man, verschafft ein völlig neues Fahrgefühl.

TIPP!

Um nicht die Übersicht zu verlieren, sollte man, beispielsweise mit beschreibbaren Klebestreifen, die bereits verstellten Speichen kennzeichnen.

Einen Nabenmotor neu einzuspeichen ist letztlich nicht schwieriger, als ein gewöhnliches Laufrad mit Schalt- oder Dynamonabe zu erneuern.

3.2.4 Laufräder optimieren

Standardspeichen haben einen runden Querschnitt und bestehen aus Edelstahl.

Vor allem im Leistungssport werden Speichen mit anderen Querschnitten zur Optimierung der Aerodynamik eingesetzt. Andererseits berichten Rennfahrer von unangenehmen Erfahrungen mit Seitenwind mit solchen Speichen.

Ob bei einem Pedelec mit sogenannten *Messerspeichen* ein spürbarer aerodynamischer Effekt und somit eine Reichweitenvergrößerung erzielt werden kann, wäre auszuprobieren. In Pedelecs können solche Flachspeichen zu Vibrationen beim Beschleunigen führen.

Edelstahlspeichen gibt es in verschiedenen Qualitäten. Wer die Tragfähigkeit seines Pedelecs erhöhen will, kann eventuell eine Neueinspeichung mit Speichen höherer Zugfestigkeit vornehmen lassen. Soweit die Nabenlöcher es zulassen, wäre auch die Verwendung dickerer Speichen eine Option. Sie führen bei manchen Modellen an der angetriebenen Achse mitunter auch zu einem deutlich ruhigeren Lauf.

Sogenannte Doppel-Dickend-Speichen (DD) gelten als besonders gut geeignet im Langstreckenbetrieb. Sie sind im Nippel- und im Kopfbereich stärker ausgeführt.

Exklusiv und teuer sind Speichen aus Titan oder Carbon. Letztere sind Hohlspeichen, die wahrscheinlich am ehesten bei hochwertigen sportlichen E-Bikes auftauchen werden. Für eine Nachrüstung sind sie nicht zu empfehlen, weil Kosten und Nutzen in keinem vertretbaren Verhältnis stehen.

In den vergangenen Jahren hat sich das Angebot an Speichenrädern für gewöhnliche Fahrräder stark vergrößert. Es wird nach Fahrradtyp und Verwendung, aber auch nach persönlichen Vorlieben stark differenziert.

Bei Pedelecs finden sich in aller Regel Räder, die dem jeweiligen Pedelec-Typ entsprechen. Eher sportliche Fahrzeuge kommen also mit schmaleren Felgen und straßenoptimierter Bereifung in den Handel. Cruiser sind mit breiteren Felgen und teils Ballonbereifung ausgestattet und MTBs fahren meist auf kleineren Laufrädern.

Im Rahmen der vom Hersteller zugelassenen Grenzen ist es durchaus möglich, nicht nur die Speichen zu wechseln, sondern bei dieser Gelegenheit Felgen und Bereifung den persönlichen Vorstellungen anzupassen.

3.2.5 Reifen und Schlauch erneuern

Benötigte Werkzeuge:

- Wie beim Radein- und -ausbau
- 2, besser 3 Reifenheber aus Kunststoff
- Montagegel
- Luftpumpe
- Luftdruckprüfer

Die Bereifung des Pedelecs sollte erneuert werden, wenn das Profil weniger als 1 mm beträgt – es sei denn, es werden schon vorher Risse in den Mantelflanken sichtbar. Dann gilt es, sofort zu handeln. Mäntel und Schläuche länger als sechs oder sieben Jahre zu fahren, ist nicht ratsam. Auch wenn die Gummimischungen immer besser werden, kann ein

Verspröden und Aushärten des Materials nicht verhindert werden. Sicherheit sollte immer an erster Stelle stehen. Schließlich ist die Kontaktfläche des Pedelecs mit der Fahrbahn nicht viel größer als eine Briefmarke. Auf wenig mehr als einem Quadratzentimeter müssen alle Kräfte übertragen werden.

TIPP!

Lesen Sie die Bereifungsgröße an beiden Reifen ab. Einige Pedelecs haben vorn und hinten verschieden große Laufräder oder Bereifungsdimensionen.

Beim Wechsel der Bereifung empfiehlt sich stets eine Kompletterneuerung von Mantel, Schlauch und Felgenband. Finden sich in der Bedienungsanleitung des Pedelecs keine Angaben hinsichtlich der zu verwendenden Größen, sind diese der Mantelflanke zu entnehmen.

Üblich sind drei verschiedene Formen der Größenangaben. Bei einem 28"-Reifen kann die Bezeichnung wie folgt lauten: 40–622 oder 28 x 1,50 oder 700 x 38C. Es handelt sich um die jeweils gleiche Dimension.

Berücksichtigt werden muss auch die Ventillänge. Besonders stabile Hohlkammerfelgen

Abb. 3.20 – Gut zu wissen: Dieser Reifen ist vom Hersteller für Pedelecs optimiert worden.

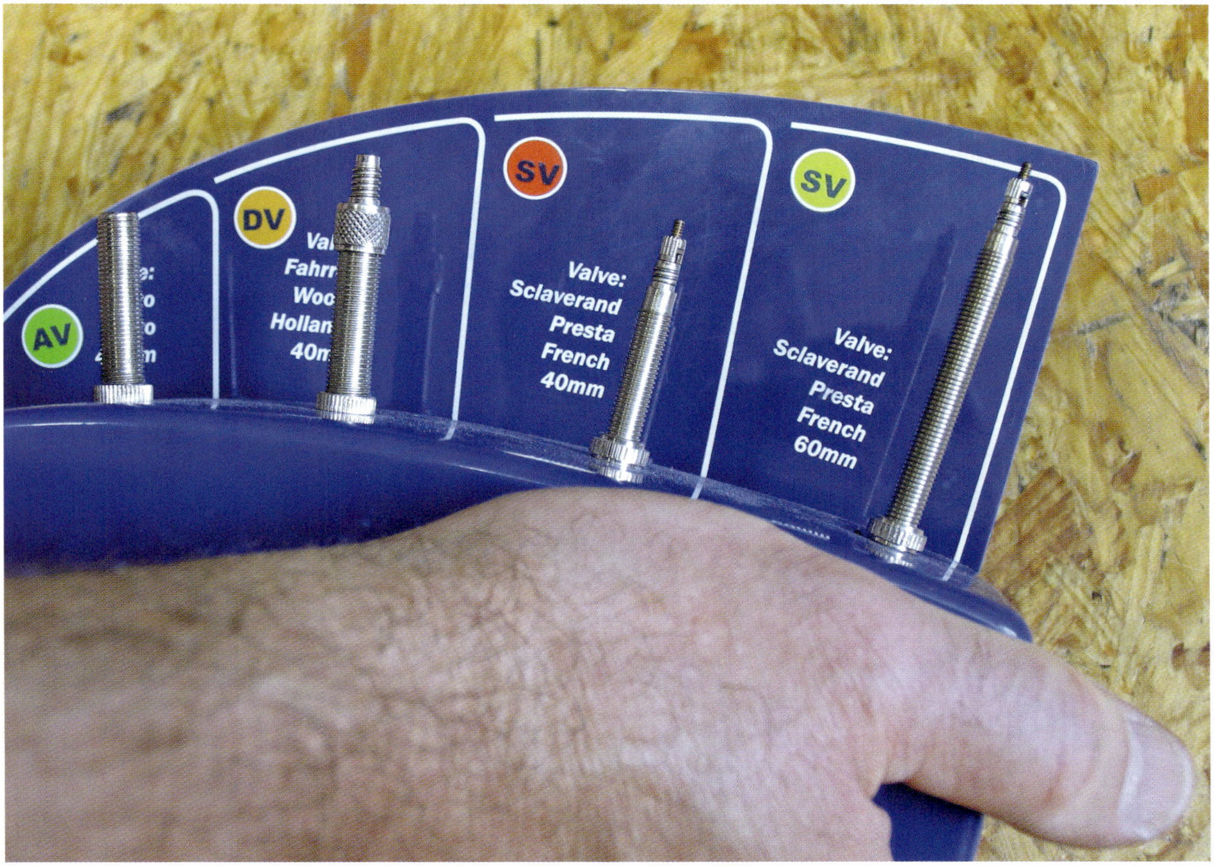

Abb. 3.21 – Schläuche werden mit unterschiedlichen Ventilen ausgestattet. AV (Autoventil), SV (Sclaverand, Presta oder French), DV (Dunlop, Fahrradventil) und RV (Regina Ventil) bezeichnen die üblichen Bauformen.

aus Aluminium erfordern beispielsweise extralange Ventile. Hier hilft nur, einen genauen Blick auf die Ausstattung des eigenen Pedelecs zu werfen und die Ventillänge am ausgebauten Schlauch nachzumessen.

Zum Wechsel der Bereifung muss das jeweilige Rad demontiert werden. Zuerst wird der luftlose Mantel mit den Daumen beider Hände von der Felgenflanke gedrückt. War er längere Zeit in Gebrauch, kann es hier zu Anhaftungen kommen.

Um den Mantel auf der ersten Seite aus der Felge zu heben, werden Reifenheber aus Kunststoff benutzt. Zwei davon sind mit der flachen, leicht gebogenen Seite zum Mantel hin im Abstand von ca. 10 cm zwischen Mantel und Felge zu schieben und mit der Hakenseite in den Speichen einzuhängen. Mit der flachen Seite des dritten Hebers kann nun der Mantel nach rechts und links über das Felgenhorn gehebelt werden. Soll der Schlauch wieder Verwendung finden, darf er dabei nicht eingeklemmt werden.

Als Nächstes sind der Ventileinsatz und die Überwurfmutter zur Ventilbefestigung an der Felge zu entfernen und das Ventil nach innen durch das Felgenloch zu drücken. Nun kann der Schlauch aus dem Mantel herausgezogen

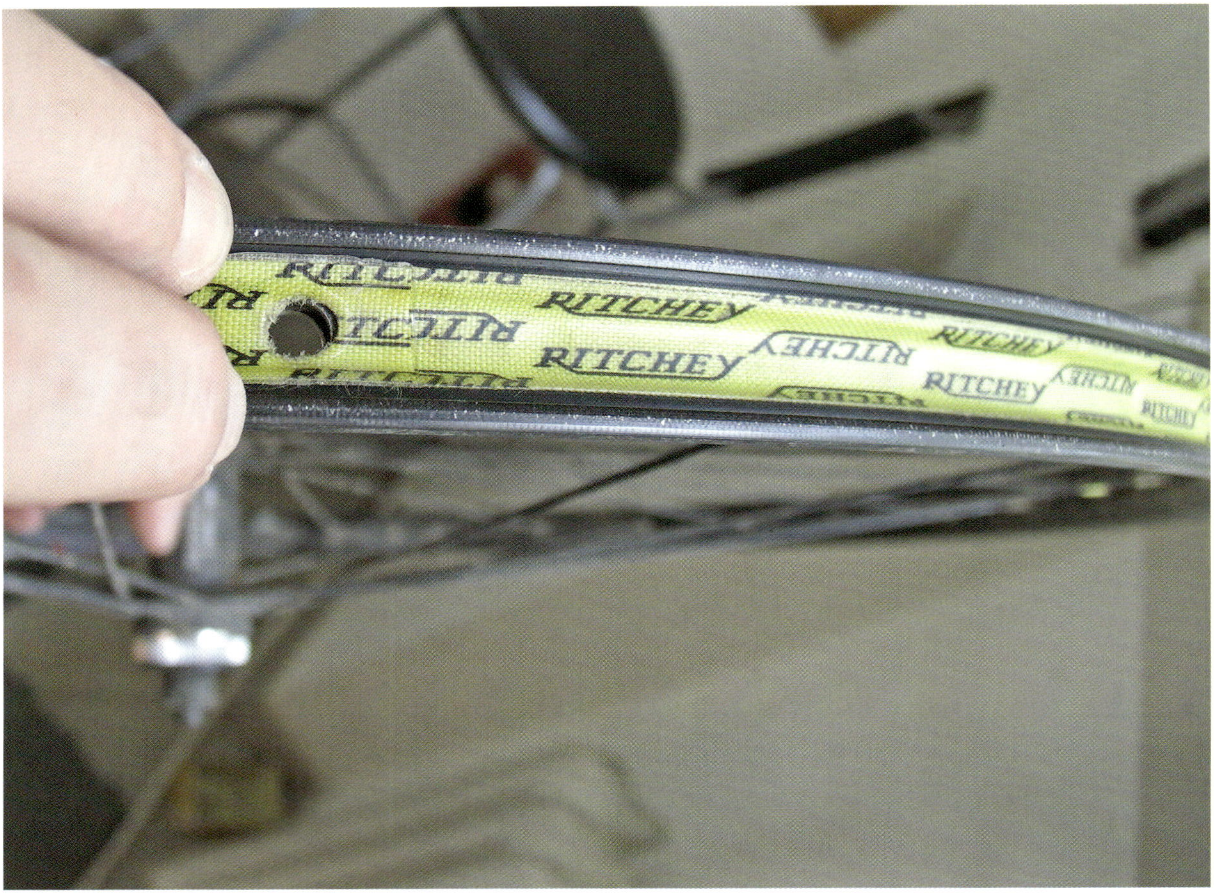

Abb. 3.22 – Das Felgenband darf weder zu breit noch zu schmal sein, und die Ventildurchlässe von Felgenband und Felge müssen übereinander liegen.

werden. Ist das geschehen, lässt sich der Mantel ohne Schwierigkeiten von der Felge ziehen. Das Felgendband schützt den Schlauch vor Beschädigungen durch die Speichennippel. Auch hier gibt es, je nach Felgenbreite, bei gleichem Radumfang unterschiedliche Maße. Schmale Rennfelgen benötigen sehr schmale Felgenbänder, Pedelec-Felgen eher breitere.

Allerdings dürfen Felgenbänder nicht so breit sein, dass sie die Druckhaftung des aufgepumpten Mantels an der Felgenflanke beeinträchtigen. Am besten sollte man die gleiche Dimension einziehen, die das alte Band hatte. Die erste Ziffer bezeichnet die Felgenbandbreite, die zweite die Radgröße. 20–622 beispielsweise ist bei Felgenbändern bei Trekkingbereifung eine Standardgröße.

Das Felgenband sollte beim Aufziehen nicht übermäßig gedehnt werden. Wichtig ist, dass es tatsächlich mittig im Felgenbett positioniert wird und die vorhandene Ventilaussparung exakt über der Felgenbohrung positioniert wird. Die Verwendung von Klebefelgenbändern erfordert etwas Übung und Erfahrung und lohnt sich eigentlich nur, wenn die Bereifung relativ häufig gewechselt wird.

Der neue Mantel wird zuerst mit einer Flanke über ein Felgenhorn gezogen. Dabei ist die Laufrichtung zu beachten. Viele Reifen sind mittlerweile laufrichtungsgebunden.

Der neue Schlauch wird vorsichtig in den Mantel eingelegt und das Ventil durch die Felgenbohrung gezogen. Die Überwurfmutter darf nur leicht angezogen werden, um dem Ventil etwas Spielraum zu geben. Nachdem der Ventileinsatz montiert ist, sollte der Schlauch leicht mit Luft gefüllt werden. Das verhindert ein Einklemmen bei der weiteren Montage und erleichtert die exakte Positionierung.

TIPP!

Erkennbar ist die Laufrichtung eines Reifens an einem Pfeil auf der Reifenflanke, oft ergänzt durch den Hinweis „Rotation".

Abb. 3.23 – Eine kritische Stelle ist der im Schlauch meist etwas stärker gummierte Ventilsitz. Deshalb sollte der Mantel hier als Erstes komplett in die Felge gehoben werden – und zwar von Hand.

Die Mantelflanken müssen auf Ventilhöhe unbedingt zwischen Felgenbett und Schlauch geschoben werden. Sie dürfen den Schlauch nicht abklemmen. Ist das gewährleistet, kann der Reifen mithilfe der Reifenheber Stück für Stück über das Felgenhorn gehebelt werden.

TIPP!

Etwas Druck auf den Reifen an der gegenüberliegenden Seite erleichtert das Einhebeln.

Mit beiden Händen werden nun die Flanken des Reifens mehrmals rund um den Radumfang gewalkt, um diesen gut in das Felgenbett zu schieben. Dabei wird von Mal zu Mal etwas Luft zugepumpt. Ist der Reifen gut aufgepumpt, lässt man das Rad leicht auf dem Boden springen und dreht dabei ebenfalls ein- oder zweimal den gesamten Umfang durch. Ein Blick auf die Flanke zeigt, ob der Reifen richtig sitzt. Der Reflexstreifen oder die Rändelprägung für einen Reibraddynamo muss parallel zur Felge und auf beiden Seiten in gleichem Abstand zu ihr verlaufen. Das Ventil muss gerade und ohne Spannung in der Bohrung stehen. Ist eines von beiden nicht der Fall, wird die Luft wieder abgelassen und der Vorgang wiederholt. Um den Ventilsitz zu richten, kann bei luftlosem Schlauch leicht am Mantel geschoben werden.

Verschiedene Hersteller bieten für die mühelose Schlauch- und Reifenmontage Montageflüssigkeit oder -gel an. Die Verwendung empfiehlt sich vor allem bei großvolumiger, dickwandiger Bereifung.

Erst wenn der Reifen fertig gerichtet und voll aufgepumpt ist, wird die Rändelmutter am Ventil festgezogen.

Ist das Rad wieder montiert, sollte die erste Fahrt sehr verhalten vonstattengehen. Die neue Bereifung wird sich ihre endgültige Position noch suchen. Beschleunigung und Bremsen verursachen leichte Wanderbewegungen. Festzustellen ist das daran, dass sich die Überwurfmutter am Ventil in den ersten zwei bis drei Wochen immer mal wieder noch etwas nachziehen lässt.

3.2.6 Luftdruck und Reifenprofil dem Tourenprofil anpassen

Zu den Aufgaben vor jeder Benutzung des Pedelecs gehört, den Reifenluftdruck zu kontrollieren.

Schreibt der Hersteller des Pedelecs einen Reifendruck vor, ist dieser exakt einzuhalten. Die Angaben stehen in der Bedienungsanleitung.

Auf der Flanke der meisten Reifen findet sich der Höchstdruck, den diese vertragen, manchmal zusätzlich der Mindestdruck.

Diese zulässigen Druckwerte sollten auf keinen Fall über- oder unterschritten werden. Überdruck kann den Reifen platzen lassen oder zumindest zu Stuckerschäden an der Motorelektronik führen.

Bei zu geringerem Luftdruck besteht die Gefahr, dass die Seitenwände der Reifen Schaden nehmen.

Gibt es keine Vorgaben seitens des Herstellers, sollten 80 % des für den Reifen zulässigen Maximaldrucks als alltagstauglicher Standarddruck gewählt werden.

Gewöhnliche Fahrräder werden, je nach vorgesehenem hauptsächlichen Einsatzbereich, mit zweckentsprechender Bereifung ausgestattet.

TIPP!

Da Fahrradbereifung permanent an Druck verliert, muss mindestens alle 14 Tage nachgepumpt werden. Am besten eignen sich Standpumpen mit eingebautem Manometer.

Abb. 3.24 – Zu geringer Luftdruck und nicht fest sitzende Rändelmutter führen zu einem Wandern des Reifens. Hier steht das Ventil schon schräg und es ist nur noch eine Frage der Zeit, bis es ausreißt.

So sind Rennräder für die Straßen- und Rennbahnbenutzung mit sehr schlanken, meist profillosen Reifen ausgestattet. Das soll den Rollwiderstand deutlich reduzieren und durch die extrem hohe Leichtgängigkeit eine hohe Geschwindigkeit ermöglichen. Durch die Profillosigkeit laufen die Reifen sehr ruhig und ohne Abweichungen in der Spur. Griffigkeit auf unebener Fahrbahn und Federungskomfort sind allerdings stark eingeschränkt. Diese Bereifung setzt glatte und griffige Fahrbahnbeläge voraus.

Das andere Extrem sind großvolumige und grobstollige Reifen, wie sie im Mountainbike- und vor allem im Downhill-Sport zum Einsatz kommen. Sie erweisen sich als besonders griffig auf losem Untergrund und übernehmen meist einen beträchtlichen Teil der Federungsarbeit. Die groben Stollen laufen allerdings auf glatter Fahrbahn sehr geräuschvoll und die Lenkabweichungen sind erheblich.
Trekking- und Touringräder werden werkseitig mit Reifen ausgestattet, die in einem Kompromiss einen leichten Lauf auf Asphalt und

TIPP!

Manche Reifenhersteller weisen darauf hin, welche Produkte speziell für Pedelecs geeignet sind. Bereifung mit dem ECE-R75-Prüfzeichen ist sogar für die bis zu 45 km/h schnellen E-Bikes zugelassen.

Griffigkeit in leichtem Gelände miteinander verbinden. Diese Art Bereifung hat sich für Pedelecs bewährt.

Wird das Pedelec regelmäßig unter anderen Straßenverhältnissen eingesetzt, als es die Bereifung vorsieht, sollte die Bereifung gewechselt werden. Wer sein Pedelec optimieren will, kann die Bereifung entsprechend dem Einsatzgebiet auswählen.

Wer viel auf Schotterwegen unterwegs ist, benötigt Bereifung mit möglichst ausgeprägten Schulterstollen, um bei Kurvenfahrten Sicherheit zu haben. Das gilt insbesondere für Pedelecs mit Frontnabenmotoren.

Wer fast ausschließlich auf befestigten glatten Fahrbahnen unterwegs ist, benötigt ein möglichst laufruhiges, flaches Profil in der Reifenmitte, um unnötige Unruhe aus dem Fahrwerk herauszuhalten.

Abb. 3.25 – Die relativ glatte mittige Lauffläche lässt das Pedelec auf Asphalt und Beton ruhig bleiben. Die Schulterstollen geben Halt in etwas forscher gefahrenen Kurven.

TIPP!

Mischbereifung kann bei heckgetriebenen Pedelecs für eine höhere Fahrstabilität sorgen: vorn relativ glatte Bereifung mit ausgeprägter Mittelrille zur verbesserten Spurstabilität, hinten etwas stärker profilierte Bereifung mit vortriebsoptimierten Stollen.

Empfehlenswert ist die Wahl von Reifen mit einem möglichst hohen Pannenschutzfaktor. Sie wird zwar etwas teurer sein, aber unterwegs die Bereifung reparieren zu müssen, gehört nicht zu dem, was man ein „erstrebenswertes Pedelec-Erlebnis" nennen würde. Man muss allerdings berücksichtigen, dass der Rollwiderstand mit dem Grad des Pannenschutzes ebenfalls zunimmt.

Gewisse Möglichkeiten der Anpassung an ein geplantes Tourenprofil gibt es allein schon durch Ausnutzung der Luftdrucktoleranzen der Bereifung. Mit dem Luftdruck lassen sich generell die Fahreigenschaften des Pedelecs beeinflussen.

Je höher der Reifendruck, umso leichter läuft das Pedelec. Hat der Pedelec-Hersteller keinen konkreten Wert vorgeschrieben, kann der Luftdruck bei Fahrten vor allem auf Asphalt und anderen guten Straßenbelägen auf die

Abb. 3.26 – Vor allem bei Pedelecs mit Hinterradnabenmotor sorgt der richtige Luftdruck für ausreichende Fahrsicherheit und Schonung der Bereifung.

maximal zulässige Höhe reguliert werden. Das spart auch Strom.
Der Preis dafür ist eine Einschränkung des Federungskomforts. Hat das Pedelec keine zusätzlichen Dämpfungselemente in der Sattelstütze, am Hinterbau oder in der Vorderradgabel, müssen die Reifen die gesamten von den Fahrbahnunebenheiten herrührenden Stoßkräfte aufnehmen.
Geht die Tour eher abseits der Straßenverkehrswege auf geschotterten Radwegen durch Wald und Feld, wird der minimal zulässige Druck gefahren. Dadurch wird zwar mehr Kraft erforderlich, aber Griffigkeit und vor allem Federungskomfort verbessern sich deutlich.
Die als Richtwerte genannten 80 % des maximal zulässigen Werts gelten unter normalen Einsatzbedingungen. Sind also 4,0 bar max. angegeben, pumpt man den Schlauch mit 3,2 bar auf.
Der richtige Luftdruck kann entsprechend der wechselnden Faktoren wie folgt variiert werden:

- Gewicht des Fahrers (Schwergewichte +10 % / Leichtgewichte -10 %)
- Befahrener Untergrund (Asphalt +10 % / Schotter und Offroad -10 %)

3.2.7 Reifen flicken

Benötigte Werkzeuge:

- Wie beim Reifen- und Schlaucherneuern
- Flickzeug

Ein platter Reifen ist etwas Unangenehmes. Das gilt schon beim herkömmlichen Fahrrad.

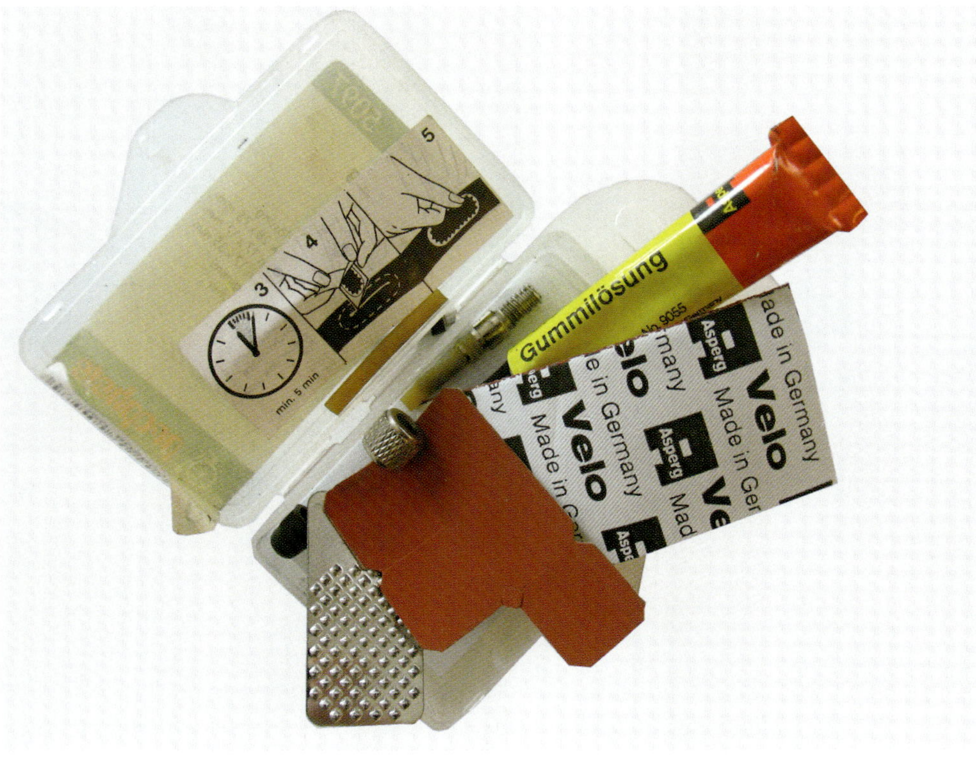

Abb. 3.27 – Die Flickzeugbox aus Kunststoff ist nicht viel größer als eine Streichholzschachtel und enthält alles, was man zur Behebung eines platten Reifens unterwegs benötigt – inklusive der Handhabungshinweise.

Umso mehr trifft das auf das Pedelec zu. Auch wenn die meisten Pedelecs mit mehr oder weniger pannengeschützter Bereifung ausgestattet sind, lässt sich ein platter Reifen nicht hundertprozentig vermeiden.
In früheren Jahren hatten passionierte Radler stets ein klassisches Reifenflickset in der Satteltasche. Heute ist dieses Utensil wegen des geringen Gewichts und der Größe meist nur noch bei Rennrädern an Bord, die zum eigenen Freizeitvergnügen gefahren werden. Diese Sets enthalten eine kleine Raspel, um den Schlauchgummi an der defekten Stelle kräftig aufzurauen.
Der Abrieb muss sauber entfernt werden. Mit Gummilösung und vorgummierten Flicken wird dann das Loch verschlossen. Meist sind die Flicken gleich in mehreren Größen enthalten, sodass sich der Passende findet. Die Lösung wird großzügig auf den Schlauch aufgetragen. Der Flicken (Schutzschicht vorher entfernen) wird nach etwa fünf Minuten Wartezeit mit möglichst großem Druck aufgepresst.
Diese Sets helfen nur bei „klassischen" Pannen, also kleineren eingefahrenen Fremdkörpern. Bei größeren Schnitten oder Rissen sind sie zwecklos. Ihr Nutzen ist mitunter auch deshalb eingeschränkt, weil sich das Loch im Schlauch nicht immer ohne Weiteres finden lässt. Dann muss man den Schlauch aufpumpen und das Loch in einer mit Wasser Schüssel anhand der aufsteigenden Luftblasen lokalisieren.
Ist ein Bachlauf oder ein Tümpel in der Nähe, kann man sich mit dessen Wasser behelfen. Andernfalls hilft nur, den Schlauch aufzupumpen und an der Zunge vorbeiführen. Auch ein Hörtest kann Aufschluss geben, wo das Loch sitzt.
Besser ist es, auf einer großen Tour Ersatzschläuche mitzuführen. Das spart zwar nicht die aufwendige Montage unterwegs, hält dann aber auf jeden Fall. Beim Kauf der Schläuche ist die Größe zu beachten. Sogenannte Gruppenschläuche sind für mehrere Radgrößen geeignet. Andere passen tatsächlich nur für eine Dimension. Zu kleine oder zu große Schläuche führen schnell zu erneuten Pannen.
Neuerdings kommen die Einsprühflickzeuge, wie sie im Motorradbereich schon lange üblich sind, auch bei Fahrrädern zum Einsatz. In einer handelsüblichen Sprühdosengröße befinden sich komprimierte Luft als Treibmittel und ein Dichtmittel. Die Luft dient gleichzeitig zum Wiederbefüllen des defekten Schlauchs und das Dichtmittel arbeitet in den meisten Fällen so wirksam, dass der Heimweg mit diesem Schlauch zurückgelegt werden kann. Nicht alle Dosen passen für alle Arten von Fahrradventilen – beim Einkauf muss man die Ventilart des Pedelecs berücksichtigen.
Der Vorteil dieser Sprühflickzeuge ist der schnelle und unkomplizierte Einsatz. Ihr Nachteil besteht darin, dass der Schlauchwechsel dann doch fällig wird – allerdings unter angenehmeren Umständen.

TIPP!

Schläuche, die als Pannenreserve mitgeführt wurden, sollten bei einer turnusmäßigen Erneuerung der Bereifung wegen ihres Alters nicht verbaut werden. Nach spätestens fünf Jahren im Pedelec-Gepäck sind sie auch nicht mehr als Nothelfer empfehlenswert, weil der Gummi verspröden kann.

TIPP!

Hat das Pedelec keine pannensichere Bereifung, kann Sprühflickzeug vorbeugend als Pannenschutz verwendet werden.

3.3 Wartung und Tuning der Federgabeln und -elemente

Benötigtes Werkzeug und Hilfsmittel:

- Federgabelspray
- Federgabelöl
- Federgabelpumpe
- Sechskantschlüssel

Abb. 3.28 – Für die Pflege sollte möglichst ein spezielles Federgabelöl benutzt werden. Es dient zugleich dazu, die O-Ringe der Gabelabdichtungen geschmeidig zu halten. Vermieden werden sollten silikonhaltige Pflegemittel, weil sie die Gummidichtungen austrocknen können.

Federgabeln gibt es in drei Ausführungen: mit mechanischer Schraubenfederdämpfung, hydraulisch federnd mit Öl befüllt und pneumatisch durch Luftdruck wirkend. Kombinationen sind ebenfalls möglich.
Die Eintauchrohre der Federgabel müssen bei allen drei Systemen metallisch blank sein, um ein leichtgängiges Ein- und Ausfedern zu gewährleisten. Zudem sollten die Eintauchrohre stets leicht geölt sein. Können sie nicht gut in die Standrohre gleiten und wieder zurückfedern, kann das den Fahrkomfort und die Sicherheit erheblich beeinträchtigen.
Die meisten einfachen Federgabelsysteme mit Stahlfedern lassen sich durch einen drehbaren Knebel oder ein Stellrad auf einem der beiden Gabelholme in der Vorspannung einstellen. Je stärker in Richtung Plus gedreht wird, desto kräftiger wird die Feder gespannt. Das empfiehlt sich bei hoher Gewichtsbelastung, relativ glatter Fahrbahn und sportlicher Fahrweise. In Richtung Minus verstellt wird die Federung weicher und der Federweg länger. Die damit verbundenen Schwingungen und vor allem das tiefe Eintauchen des Vorderrads bei plötzlichem Bremsen können das Gefühl der Sicherheit bei höheren Geschwindigkeiten beeinträchtigen. Der Fahrkomfort wird aber deutlich höher.
Eine eventuell notwendige generelle Anpassung an das Gewicht des Fahrers/an seine Fahrgewohnheiten erfolgt bei diesen mechanischen Gabelsystemen durch einen Austausch der Stahlfedern.
Hydraulische und pneumatische Systeme ermöglichen meist eine Regelung der Dämpfung, der Zugstufendämpfung und des sogenannten *negativen Federungswegs.*

Unter Letzterem wird das Eintauchen des Federsystems unter Belastung durch das Gewicht des Fahrers und des Gepäcks im Ruhezustand verstanden. Die richtige Wahl dieses negativen Federwegs ist Voraussetzung dafür, dass die Gabel ordnungsgemäß funktioniert.

Die Einstellung der Dämpfung ist vergleichbar mit der Plus-Minus-Einstellung einfacherer Konstruktionen. Hier wird die Federhärte reguliert, die wiederum Eintauchtiefe und -geschwindigkeit beeinflusst.

Zugstufendämpfung wird die Geschwindigkeit genannt, mit der die Feder nach dem Eintauchen wieder in die Ursprungsposition zurückfedert. Auf Strecken mit vielen kleinen Bodenunebenheiten ist es ratsam, eine schnelle Ausfederung zu wählen, damit das vordere Rad nicht den Bodenkontakt verliert und das Pedelec unlenkbar wird. Bei eher sanften Wellen verhindert ein langsameres Ausfedern, dass das Fahrzeug unnötig aufschaukelt.

Fast alle Federgabeln können auch komplett arretiert werden. Diese Position *Lock* ist meist

Abb. 3.29 – Mechanische Federgabel arretiert (rote Anzeige im Sichtfenster)

Abb. 3.30 – Mechanische Federgabel gelöst (grüne Anzeige im Sichtfenster)

als separater Schalter auf der anderen Seite der Gabelbrücke platziert. Sie empfiehlt sich bei schnell gefahrenen Touren mit Wiegetritt, beispielsweise um das Schaukeln des Pedelecs zu verringern. Die Federung zu arretieren empfiehlt sich auch bei schneller Fahrt über Strecken mit kurz aufeinanderfolgenden Unebenheiten.

In regelmäßigen Abständen müssen die Federgabeln einer Grundwartung unterzogen werden. Mechanische und pneumatische Gabeln werden zerlegt, die Federn gereinigt und gefettet und die O-Ringe zur Abdichtung erneuert. Bei hydraulischen Gabeln muss zudem nach den Vorgaben des Gabelherstellers das Hydrauliköl erneuert werden.

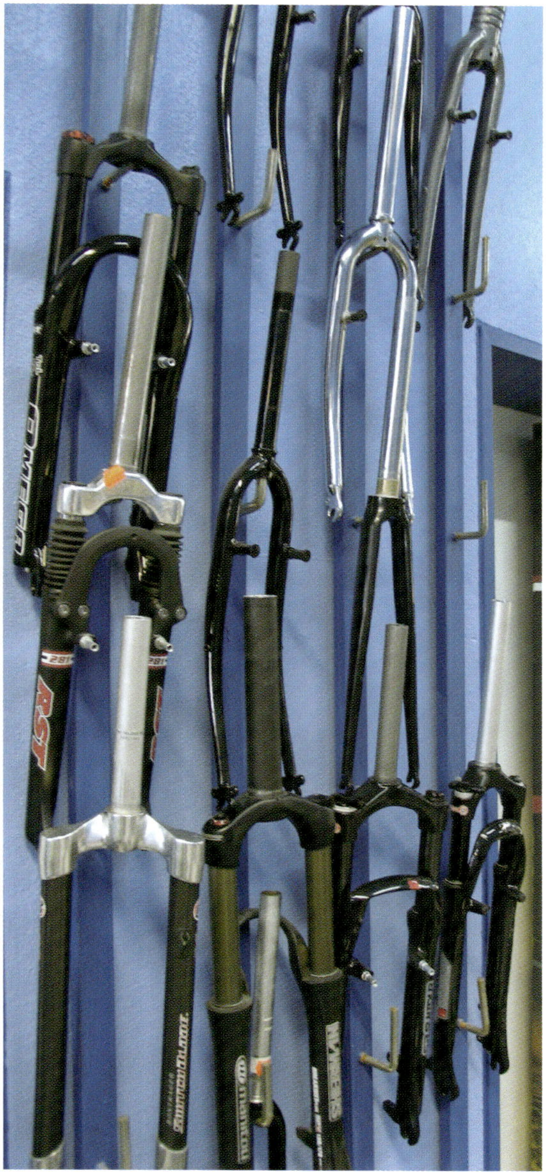

Abb. 3.31 – Die Auswahl an gefederten Gabeln zur Nachrüstung eines Pedelecs ist groß. Besonders bei Fahrzeugen mit Frontnabenmotor sind die passende Gabelweite und die Tragfähigkeit der Gabel Voraussetzungen für den Umbau.

Fullys, also Pedelecs, die zusätzlich über einen gefederten Hinterbau verfügen, haben meist zwischen Rahmen und Hinterrad ein Federelement, das in der Funktionsweise dem der Federgabel entspricht. Hier muss in jedem Fall eine Vorspannung eingestellt werden, die dem Gewicht des Fahrers entspricht. Von manchen Herstellern werden Gewichtstabellen mitgeliefert, aus denen dann die Einstellung in den Kategorien *komfortabel*, *allround* oder *sportlich* entnommen werden kann. Bei anderen muss man durch Testfahrten selbst die passende Einstellung ermitteln.

TIPP!

Das Fully-Federelement am Hinterrad sollte weder bis zum Anschlag durchfedern noch so hart vorgespannt werden, dass das Hinterrad bei Unebenheiten den Bodenkontakt verliert.

Abb. 3.32 – Fully-Pedelec mit pneumatischer Federung

Abb. 3.33 – An Hinterbaufeder …

Abb. 3.34 – ... und gefederter Vordergabel wird die Federhärte durch Luftbefüllung geregelt.

3.4 Wartung und Tuning der Bremsen

Benötigtes Werkzeug und Hilfsmittel

- Schraubendreher
- Kriechölspray
- Sechskantschlüssel
- Kombi- oder Spitzzange
- Sandpapier
- Bremsflüssigkeit

Die Bremsen sind die wichtigste Sicherheitseinrichtung des Pedelecs. Bei versagenden Bremsen geht es schnell um Leben und Tod. Wenn bei schneller Fahrt plötzlich ein Hindernis auftaucht oder ein anderer Fahrzeugführer die Geschwindigkeit des Pedelecs unterschätzt und ihm die Vorfahrt nimmt, muss man sich auf seine Bremsen verlassen können.

Dementsprechend sollte man ihnen viel Aufmerksamkeit schenken. Wie alle anderen Fahrräder müssen die elektrischen Geschwis-

TIPP!

Regelmäßige Kontrolle vor Antritt jeder Fahrt und fachgerechte Wartung der Bremsen sorgen für Sicherheit und schützen Menschenleben.

ter über mindestens zwei voneinander unabhängige Bremssysteme verfügen.

Üblich ist die Ausrüstung mit zwei handbetätigten Felgen- oder Scheibenbremsen. Bei Pedelecs mit Frontmotor kommt zudem gelegentlich die traditionelle Rücktrittbremse zum Einsatz – üblicherweise in Kombination mit einer, manchmal sogar zwei handbetätigten Bremsen.

Grundsätzlich gilt, die Hinweise und Vorschriften des Pedelec-Herstellers genau zu lesen und bis ins Detail zu befolgen. Viele Pedelec-Hersteller oder -Händler verweisen zusätzlich auf detaillierte Beschreibungen und Wartungsvorschriften der jeweiligen Komponentenzulieferer. Die investierte Zeit dient vor allem bei den Bremsen der eigenen Sicherheit.

Unabhängig vom Bremssystem ist vor jeder Fahrt die volle Funktion der Bremsen zu prüfen. Dazu wird jeweils kurz angefahren und mit jeder Bremse einzeln eine Vollbremsung durchgeführt. Dabei sollte das Pedelec sofort zum Stehen kommen. Es sollte nichts knirschen, quietschen oder metallische Knackgeräusche von sich geben. Handbremshebel sollten leichtgängig, nicht verschmutzt, verbogen oder gar gebrochen sein.

Seilzüge und hydraulische Leitungen dürfen keine Beschädigungen aufweisen und müssen sich ohne Knicke und scharfe Winkel in ihrer normalen Lage befinden. Bei Fahrten querfeldein kann es schon einmal geschehen, dass Seilzüge oder Leitungen aus ihrer Halterung gerissen werden und lose am Rahmen hängen. Ist das der Fall, muss die Funktionsfähigkeit vor der neuerlichen Fixierung besonders genau geprüft werden.

Die folgenden Bremssysteme finden sich in unterschiedlicher Kombination an Pedelecs:

- Felgenbremse mit Seilzugbetätigung
- Felgenbremse mit hydraulischer Betätigung
- Scheibenbremse mit hydraulischer Betätigung
- Rollenbremse mit Seilzugbetätigung
- Rücktrittbremse

Bei den Felgenbremsen mit Seilzug kennen Experten eine Vielzahl von Bauformen, die sich teils nur in wenigen Details unterscheiden. Es gibt sie mit Mittel- oder Seitenzug, als Rennbremse mit scherenartig übereinander greifenden Hebeln in doppelter Lagerung oder einfach gelagert. Allen gemeinsam ist die Tatsache, dass das Bremsen durch Andrücken von Bremsbelägen seitlich an die Felgenflanke erfolgt.

Die weitverbreitete Bezeichnung *Cantilever-Bremse* geht auf das englische Wort für „Kragarm" zurück. Sie meint Bremsen, deren Bremshebel an nur einem Endumlenkpunkt gelagert sind, in der Regel unterhalb der Felge am Gabelholm. Bei Pedelecs werden hauptsächlich Cantilever-Bremsen verbaut, deren Seilzug einseitig in einem Steg herausgeführt wird. Diese Bauform wird häufig als *V-Brake* bezeichnet.

Bei der turnusmäßigen Reinigung sind alle offen liegenden Bauteile der Bremsen gründlich zu säubern. Mithilfe eines Pinsels oder

WARNUNG!

Kurz nach einer längeren Fahrt mit vielen Bremsvorgängen können Felgen, Bremsbeläge, Bremssattel und Bremsscheiben extrem heiß sein.

einer alten Zahnbürste lassen sich schwer zugängliche Stellen staub- und schmutzfrei machen. Bei starker öliger Verschmutzung wird Reinigungsalkohol zu Hilfe genommen.

3.4.1 Felgenbremsen

Bei den Cantilever- und V-Bremsen ist die Beweglichkeit der Kraghebel sowohl vor Fahrtantritt als auch bei der Wartung zu prüfen. Hier empfiehlt sich ein hochwertiges Kriechöl. Es wird mit einer kleinen Düsenverlängerung aus Kunststoff direkt an die Gelenkstellen gebracht.

Die Rückzugfedern und deren Einstellschrauben dürfen bei der Pflege nicht vergessen werden. Ist das Bremssystem mit einem Bremskraftmodulator ausgestattet, wird auch dieser mit einem fusselfreien und mit Kriechöl getränkten Tuch gereinigt und auf Gangbarkeit geprüft.

Felgenbremsen garantieren eine kräftige Bremswirkung, weil sie am relativ großen Felgenumfang angreifen. Die Felge ist Teil der Bremsanlage und muss ebenfalls kontrolliert werden. Die Felgenfläche, an der die Bremsbeläge angreifen, soll möglichst frei von Riefen

Abb. 3.35 – Es gilt, vorsichtig zu Werke gehen, sodass kein Öl auf Bremsklötze, Felgen oder Bereifung gelangt.

und gleichmäßig abgearbeitet sein. An manchen Felgen gibt es Indikatoren, die die metallische Verschleißgrenze anzeigen.
In jedem Fall empfiehlt es sich, den Felgenverschleiß mindestens einmal jährlich zu ermitteln. Man kann die Luft ablassen und die Felgenweite möglichst an mehreren Stellen ermitteln. Wird die Luft wieder aufgepumpt, soll sich der Abstand von Felgenhorn zu Felgenhorn um maximal einen halben Millimeter vergrößern, andernfalls ist die Stabilität nicht mehr ausreichend. Man kann auch die Bereifung entfernen und einen kleinen Bohrer in den Felgenwulst legen. Subtrahiert man von der gemessenen Gesamtstärke von Bohrer plus Felge die Bohrerstärke, hat man das Felgenmaß. Manche Felgen erlauben aufgrund ihrer Bauform auch direktes Maßnehmen mit der Schieblehre.

Wirklich präzise lässt sich die Felgenwandstärke mit einer Bügelmessschraube ermitteln, deren schmales Ende natürlich in die Felge passen muss. Die Felgenwandstärke sollte bei Standardaluminiumfelgen 1 mm nicht unterschreiten. Das ist aber nur ein Richtwert, der im konkreten Fall bauartbedingt höher sein kann. Deshalb ist es am sichersten, die Sollstärke beim jeweiligen Pedelec-Hersteller zu erfragen. Vielfach finden sich Informationen darüber auf den Webseiten der Hersteller der Komponenten. An manchen Felgen sind die Namen der Hersteller eingeprägt.
Bei Cantilever- oder V-Brakes mit Seilzugbetätigung lassen sich die Bremsbeläge in der Regel durch Sicht im eingebauten Zustand prüfen.
Als Erstes werden sie auf Reststärke, exakten Abstand zur Felge und festsitzende Steinchen oder andere Fremdkörper untersucht, die man

Abb. 3.36 – Um die Felge mit einer Schieblehre zu messen, muss man einen kleinen Bohrer oder einen Sechskantschlüssel einlegen und deren Stärke später subtrahieren. Sonst entsteht durch den Felgenwulst ein falsches Messergebnis.

gegebenenfalls mit einer scharfen Klinge oder einem schmalen Schraubendreher entfernt. Manche Belagarten neigen dazu, eine Sinterschicht zu bilden, die die Bremswirkung erheblich herabsetzen kann. Mit einem Streifen feinem 120er oder 180er Sandpapier kann diese entfernt und der Bremsbelag etwas aufgeraut werden, um die Bremswirkung wieder zu verbessern.

TIPP!

Vorsichtig zu Werke gehen und keine Riefen in die Bremsbeläge schmirgeln.

Der Spalt zwischen Bremsbelag und Felge sollte bei den meisten Bremsanlagen beidseitig ca. 1 bis 2 mm betragen. Ist er zu groß, kann mit den Stellschrauben am Handbremshebel nachjustiert werden. Dazu wird die Kontermutter gelockert und die Stellschraube dann so weit herausgedreht, bis der Abstand stimmt. Ist die Stellschraube bereits komplett herausgedreht, wird es Zeit, die Bremsbeläge zu wechseln. Sich allein auf die Stellung der Verstellschraube am Handgriff zu verlassen, ist nicht empfehlenswert. Wurde nämlich die Bremsseilbefestigung im Lauf der Zeit verändert, ist die Schraubenstellung nicht mehr hinreichender Indikator für den Verschleiß. Vorzunehmen ist immer eine Sichtprüfung, besser noch eine Messung.

Bei den meisten Belagarten sollte eine Mindeststärke der Bremsbeläge von 1 mm nicht unterschritten werden. Manche Hersteller empfehlen den Austausch, wenn die seitlichen Einkerbungen in den Belägen nicht mehr sichtbar sind.

Hier empfiehlt es sich, eher früher zu erneuern, als das Risiko einzugehen, dass die Felgen beschädigt werden.

Abb. 3.37 – Hier ist von den seitlichen Einkerbungen an den Bremsbelägen nichts mehr übrig geblieben. Es ist also höchste Zeit für den Austausch. Konische und Distanzunterlegscheiben für die Einstellung der Bremsschuhe können für die neuen Beläge wieder verwendet werden.

Bei manchen Bremsen sind die eigentlichen Bremsgummis in Bremsschuhe eingeklickt.

Sie lassen sich meist ohne Demontage der Bremsschuhe erneuern. Lediglich das Laufrad muss entfernt werden. Die Stellschraube am Bremshebel wird so weit wie möglich hineingedreht. Dadurch weitet sich die Stellung der Bremshebel auf das Maximum. Meist ist ein Sicherungssplint aus dem Bremsschuh zu entfernen, ehe der Bremsbelag seitwärts aus seiner Führungsnut gezogen werden kann. Dazu verwendet man eine Kombi- oder eine Spitzzange. Der neue Belag wird in der gleichen Position eingeschoben und mit dem mitgelieferten neuen Splint befestigt.

TIPP!

Häufig unterscheiden sich rechte und linke Bremsgummis. Achten Sie auf die Kennzeichnung.

Anschließend wird der Abstand der Bremsbeläge zur Felge mittels Stellschraube auf das Betriebsmaß von 1 mm je Seite eingestellt.

Bei anderen Bauarten ist der Bremsschuh komplett auszutauschen. In vielen Fällen ist es zudem erforderlich für den Wechsel der Bremsbeläge, das mit einer Klemmverschraubung fixierte Bremsseil zu lösen. Dann muss die Bremse anschließend komplett neu eingestellt werden.

Außerdem sollten die Beläge in Fahrtrichtung gesehen vorn in einem leichten spitzen Winkel zugreifen, hinten also etwa einen halben Millimeter mehr Abstand zur Felge haben. Die Einstellung wird über die Konusscheiben auf den Bremsschuhbolzen vorgenommen.

Bei Seilzugbremsen jeder Bauart sind die Bowdenzüge ebenfalls zu reinigen, und zu ölen. Freiliegende Abschnitte laufen oft über

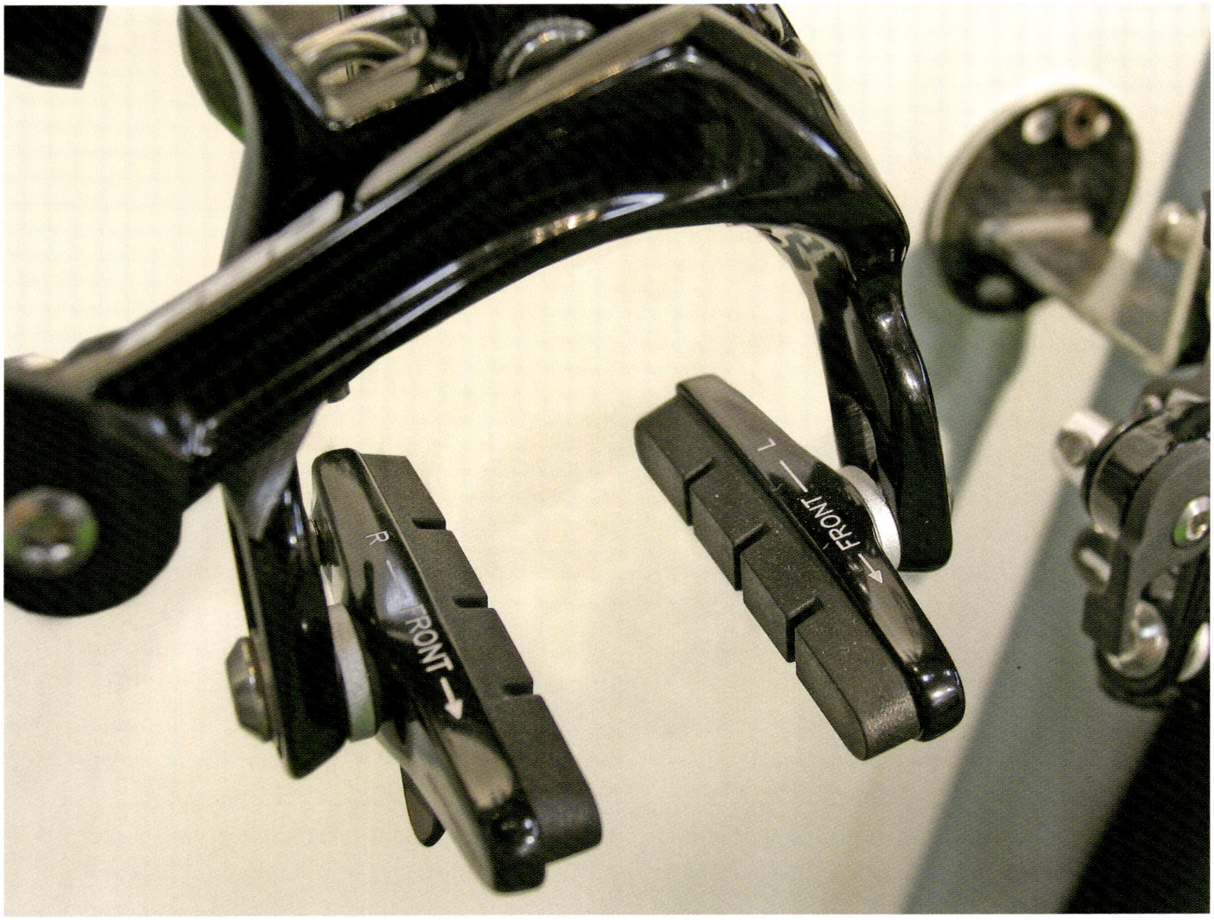

Abb. 3.38 – Nicht immer sind Bremsgummis und Bremsschuhe so eindeutig gekennzeichnet. Sehen Sie deshalb vor dem Einbau genau hin. Manchmal findet sich nur ein kleines „R" oder ein „L" an versteckter Stelle.

Abb. 3.39 – Die Bremsschuhe lassen sich in einer Führungsnut im Cantilever-Arm in der Höhe verstellen und in der Horizontalen schwenken. Die Fläche der Beläge soll möglichst parallel zur Felge zugreifen, wobei sich die Oberkante des Bremsbelags am besten ca. 1 mm von der am Reifen anliegenden Kante des Felgenhorns befindet.

Umlenker aus Kunststoff, in deren schmalen Rinnen sich der Schmutz sammelt. Auch hier kommt eine Zahnbürste zum Einsatz.

Gepflegt wird mit speziellem Fahrradöl oder handelsüblichem Kriechöl. Ebenfalls kritische Punkte in Bezug auf Schmutz und Feuchtigkeit sind die am Rahmen des Pedelecs verbauten Gegenhalter, bis zu denen der Bowdenzug in der Hülle geführt wird.

Einmal jährlich sollten die Bremsbowdenzüge ausgehängt und mit Kriechöl befüllt werden. Es lässt sich gut in die Hüllen der Bowdenzüge einträufeln. Dazu müssen diese ausgehängt werden. Um die Spannung von den Seilzügen zu nehmen, wird die Stellmutter an den Handbremshebeln bis zum Anschlag hereingedreht. Zuvor ist die Kontermutter zu lockern. Dann kann der Bowdenzug am Bremsgestänge oder am Handbremshebel ausgehängt und das Öl eingeträufelt werden. Anschließend wird der Seilzug wieder eingehängt und die Stellschrau-

Abb. 3.40 – Der leicht schräg zur Felge gestellte Bremsbelag erhöht die Bremswirkung und verringert die Bremsgeräusche. Zudem verhindert das die Gefahr, dass die Bremsen in der Felgenflanke schlagartig arretieren.

Abb. 3.41 – Solche Umlenker aus Kunststoff müssen gereinigt und mit etwas Schmierung versehen werden, sonst bleiben die Seilzüge hier irgendwann hängen.

be bis auf die ursprüngliche Position herausgedreht.

Nach dem Wechsel der Bremsbeläge oder Schuhe, aber auch durch normalen Verschleiß, kann es erforderlich werden, die Bremse komplett neu einzustellen. Dazu wird die Einstellschraube am Bremsgriff komplett eingedreht, um den Bowdenzug weitgehend zu entspannen. Dann wird das Bremsseil gelöst und aus dem Gegenlager ausgehängt.

TIPP!

Offene Drahtzugenden werden mit einer Bowdenzugendkappe gegen Aufdrehen geschützt. Diese Kappen lassen sich nur einmal verwenden. Deshalb empfiehlt es sich, neue Kappen vorrätig zu haben, sollten bei der Demontage welche zerstört werden.

Abb. 3.42 – Endkappe auf einem Bowdenzug

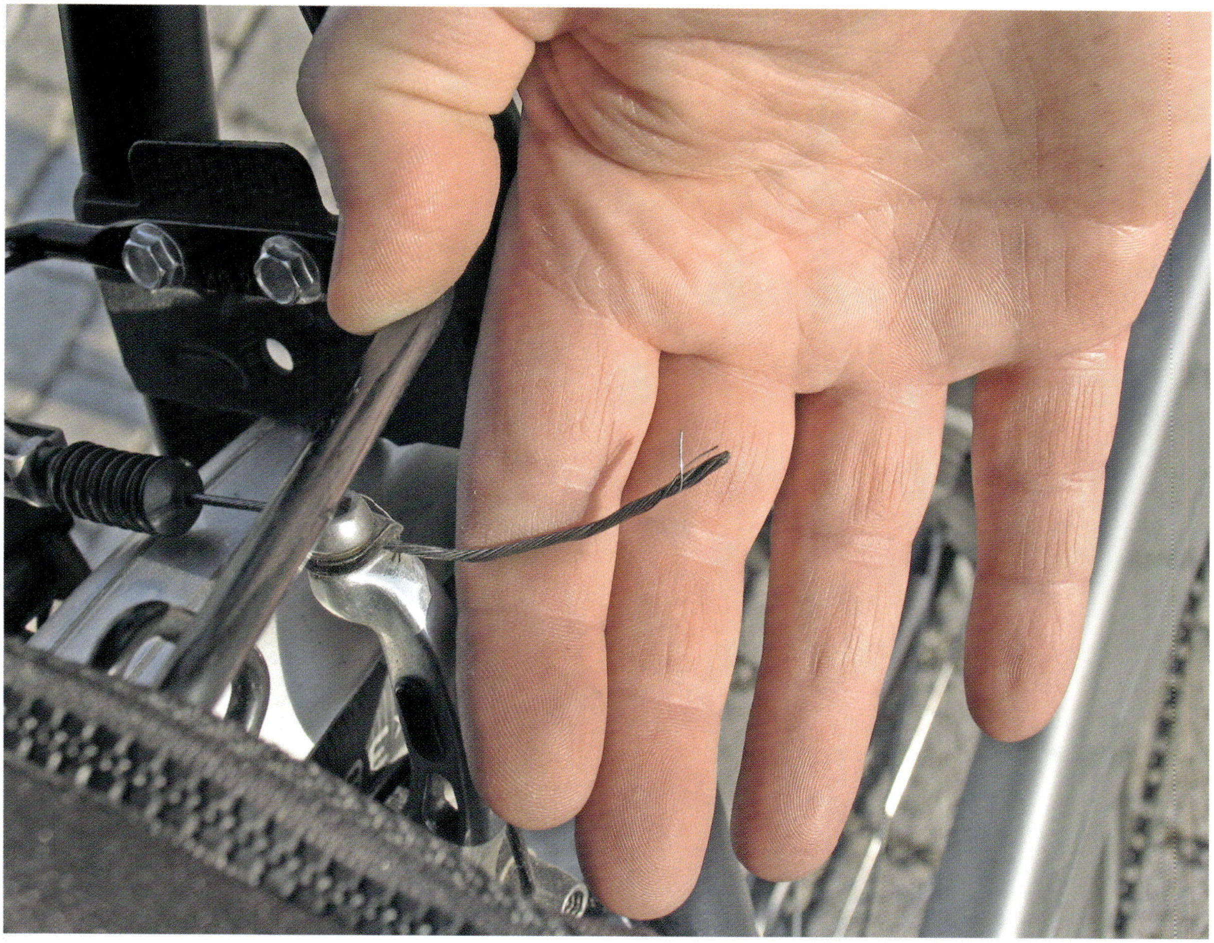

Abb. 3.43 – Ungeschütztes und ausgefasertes Bowdenzugende

Durch die Federspannung der Rückzugsfedern an den Hebeln der Cantilever-Bremse werden diese komplett auseinandergedrückt. Es empfiehlt sich, die beide Stellschrauben für die Regulierung der Federkraft auf die etwa gleiche mittlere Schraubenlänge einzudrehen und die Bremsschuhbefestigung zu lockern.

Werden nun beide Cantilever-Arme mit den neuen Bremsbelägen an die Felge gedrückt, sollte zwischen dem Ende des Querstegs für die Seilführung und der Bremsseilbefestigung ein Abstand von 35 bis 40 mm sein. Ist das nicht der Fall, müssen eventuell die Distanzscheiben, die sich vor und hinter dem Befestigungsstück befinden, getauscht werden. Es folgt die Winkeleinstellung der Beläge zur Felge, und die Bremsschuhe können festgezogen werden. Nun wird die Einstellschraube am Bremshebel etwa eineinhalb Umdrehungen herausgedreht. Das Bremsseil wird wieder in die Führung an der Bremse gefädelt und so in der Klemmung befestigt, dass die Bremsbeläge einen Abstand von 2 mm zur Felge einnehmen.

V-Brakes sollen wegen der hohen Bremswirkung eigentlich mit sogenannten Zwei-Finger-Griffen betätigt werden. Sind Vier-Finger-

Abb. 3.44 – Eine eventuelle Einseitigkeit wird mit der hier rechts zu sehenden kleinen Einstellschraube für die Federspannung korrigiert. Solche Schrauben finden sich an beiden Bremshebeln.

Griffe verbaut, wird deshalb die Bremskraft in der Regel durch einen Bremskraftmodulator dosiert. Er verhindert ein übermäßiges Zupacken der Cantilever-Zangen. Manche dieser Modulatoren haben eine Verstellmöglichkeit, mit der der Bremsenzugriff reguliert werden kann. Wenn die Bremsen zu hart oder zu weich greifen, kann man hier durch Versuche die eigene Idealeinstellung ermitteln.

Werden die Felgenbremsen hydraulisch betätigt, sind zwei Varianten zu unterscheiden: ölbefüllte Anlagen und solche mit Bremsflüssigkeit.

Hydrauliköl ist alterungsbeständig und eine Entlüftung oder Neubefüllung dieser Anlagen nur nach Schäden durch Sturz oder anderweitige äußere Einflüsse notwendig. An den Bremshebeln finden sich Rändel- oder Sechskantschrauben zum Nachstellen der Bremsbeläge. Gedreht wird in Richtung Plus.

TIPP!

Stellen Sie den Modulator nie so weich ein, dass mit normaler Kraftanstrengung keine Vollbremsung mehr möglich ist. Weisen Sie Dritte, denen Sie das Pedelec zur Nutzung überlassen, auf diese Einstellung hin.

Ist das Ende erreicht, müssen die Beläge gewechselt werden. Zuvor wird die Nachstellschraube wieder komplett zurückgedreht. Verfügt der Bremssattel über einen Schnellspanner, wird dieser gelöst. Der Sattel wird ausgeklappt oder abgezogen. Nun kann das Rad ohne Schwierigkeiten demontiert werden. Auf der gegenüberliegenden Seite muss eine Befestigungsschraube entfernt werden, um den Sattel abzuziehen.

Abb. 3.45 – Der Schnellspanner am Sattel einer hydraulischen Felgenbremse wird nach unten geschwenkt, sodass man den Kolbenzylinder nach hinten ziehen kann. So werden die Bremsbeläge zugänglich. Soll das Rad demontiert werden, lässt sich in dieser Position der Bremssattel abziehen.

Abb. 3.46 – Abgezogener Bremssattel

Abb. 3.47 – Der alte Bremsbelag wird entfernt.

Abb. 3.48 – Der neue Bremsbelag wird eingesetzt. Achten Sie dabei auf die linken und rechten Beläge.

Abb. 3.49 – Drücken Sie die Beläge gut fest. Sie müssen hörbar einklicken.

Abb. 3.50 – Setzen Sie den Bremssattel in die obere und die untere Führung ein.

Abb. 3.51 – Verschließen Sie den Schnellspanner wieder fest, sonst ist die Bremse wirkungslos.

Die Beläge lassen sich einfach ausklicken und durch neue ersetzen. Hier sollten immer Originalersatzteile verwendet werden.

Ist alles wieder montiert, werden die Bremsbeläge durch die Einstellschraube am Handbremshebel auf 1 mm Abstand eingestellt.

Sind die Bremssättel nicht exakt justiert, kann das nicht mit der Einstellschraube ausgeglichen werden. In diesem Fall müssen beide Sättel gelöst werden. Per Hand werden die Kolben durch Druck an die Felge komplett in den Bremssattel eingeschoben. Nun wird der Bremshebel vorsichtig betätigt, bis ein Spalt von einem Millimeter zwischen Bremsbelag und Felge besteht. In dieser Position wird der Sattel wieder am Gabelrohr fixiert.

Ist die hydraulische Bremsanlage mit Bremsflüssigkeit befüllt, muss sie regelmäßig erneuert und die Anlage entlüftet werden. Dazu gibt es von den Herstellern solcher Anlagen Servicesets, die genaue Anweisungen enthalten.

Abb. 3.52 – Einstellschraube

3.4.2 Hydraulische Scheibenbremse

Die unterschiedlichen Varianten der Befüllung der hydraulischen Betätigungen finden sich analog zu den Felgenbremsen bei hydraulischen Scheibenbremsen. Dementsprechend gilt der vorhergehende Test hinsichtlich der Entlüftung und Neubefüllung der Anlagen.
Für die Pflege der Bremsscheiben bedeutet die Ölempfindlichkeit der Bremsbeläge, niemals Öl oder ölhaltige Pflegemittel einzusetzen, um sie blank zu putzen oder vor Rost zu schützen. Bremsscheiben und Bremsbeläge werden nur

Abb. 3.53 – Die Bremssteine sollten 1 mm Abstand zur Felgenflanke haben. Nicht immer sind schlecht justierte Bremssättel Ursache von Geräuschen. Läuft die Felge nicht absolut rund oder sitzt das Rad verkantet in der Aufnahme, kommt es ebenfalls zu Schleif- und Rattergeräuschen. Dann ist das Rad oder die Felge zu richten.

WARNUNG!

Die Bremsbeläge der Scheibenbremsen dürfen niemals mit Öl in Berührung kommen. Das macht sie unbrauchbar und sie müssen ausgetauscht werden.

mit lauwarmer Seifenlauge oder besser noch Reinigungsalkohol gesäubert. Scheibenbremsenreiniger aus dem Kraftfahrzeugbereich ist ebenfalls ungeeignet.

Wann immer es nötig ist, ein Rad auszubauen, muss die Scheibenbremse gegen den Vorfall der Bremskolben gesichert werden. Dazu wird die mitgelieferte Transportsicherung aus Kunststoff zwischen die Bremsbeläge geschoben.

Ist es doch einmal passiert, und die Bremsklötze wurden zusammengedrückt, müssen sie vorsichtig z. B. mithilfe eines Cutters auseinandergedrückt werden. Oft geht das nicht, ohne dabei die Bremsbeläge zu beschädigen. Sie müssen dann erneuert werden, andernfalls könnten sonst die Bremsscheiben selbst Schäden davontragen.

Die Erneuerung der Bremsbeläge ist erforderlich, wenn durch normalen Verschleiß nicht mehr genügend Belagstärke zur Verfügung steht. Um den Verschleiß der Bremsklötze

Abb. 3.54 – Sichtprüfung der Bremssteine

Abb. 3.55 – Um die Bremssteine bei dieser Scheibenbremse zu wechseln, muss zuerst das Rad demontiert werden. Anschließend wird die kleine Sechskantschraube entfernt, die die hier rot sichtbaren Bremsbelaghalter festklemmt. Halter und Bremsbeläge können dann nach unten entnommen werden.

festzustellen, müssen bei den meisten Systemen die Bremssteine demontiert werden. Das ist allerdings in der Regel ohne größere Mühe möglich.

Nach dem Lösen einer Arretierung im Bremssattel lassen sich die Beläge meist problemlos entnehmen. Hier sollte zuvor allerdings die Anleitung des Bremsenherstellers gelesen werden. Es gibt Varianten mit rechten und linken Bremsbelägen, und manche sind auf Federn aufgeklippt, die leicht verbogen werden könnten.

Scheibenbremsen verfügen über eine automatische Justierung. Um die Ausrichtung der Bremsbeläge muss man sich also nicht kümmern. Nach einigen kräftigen Probebremsungen richten sich neue oder wieder eingebaute Bremsbacken mittig und in richtigem Abstand auf die Bremsscheibe aus. Leichte Schleifgeräusche verschwinden in der Regel nach kurzer Zeit.

Kommt es trotzdem zu dauerhaftem Schleifen, rhythmischen Klopf- und Schlaggeräuschen oder gar zu metallischem Knirschen, ist entweder der Bremssattel nicht richtig an der Gabel montiert, oder die Bremsscheibe hat einen Schlag. Manchmal ist auch nur ein Fremdkörper dazwischengeraten.

Um den Bremssattel auszurichten, wird er in seinen Befestigungen gelockert und die Bremse kräftig betätigt. Bei fest angezogenen

WARNUNG!

Beim Einbau der Bremssteine sollten Sie darauf achten, dass die Seite mit dem Bremsbelag Richtung Bremsscheibe zeigt. Sonst wird die Scheibe beim ersten Bremsversuch beschädigt.

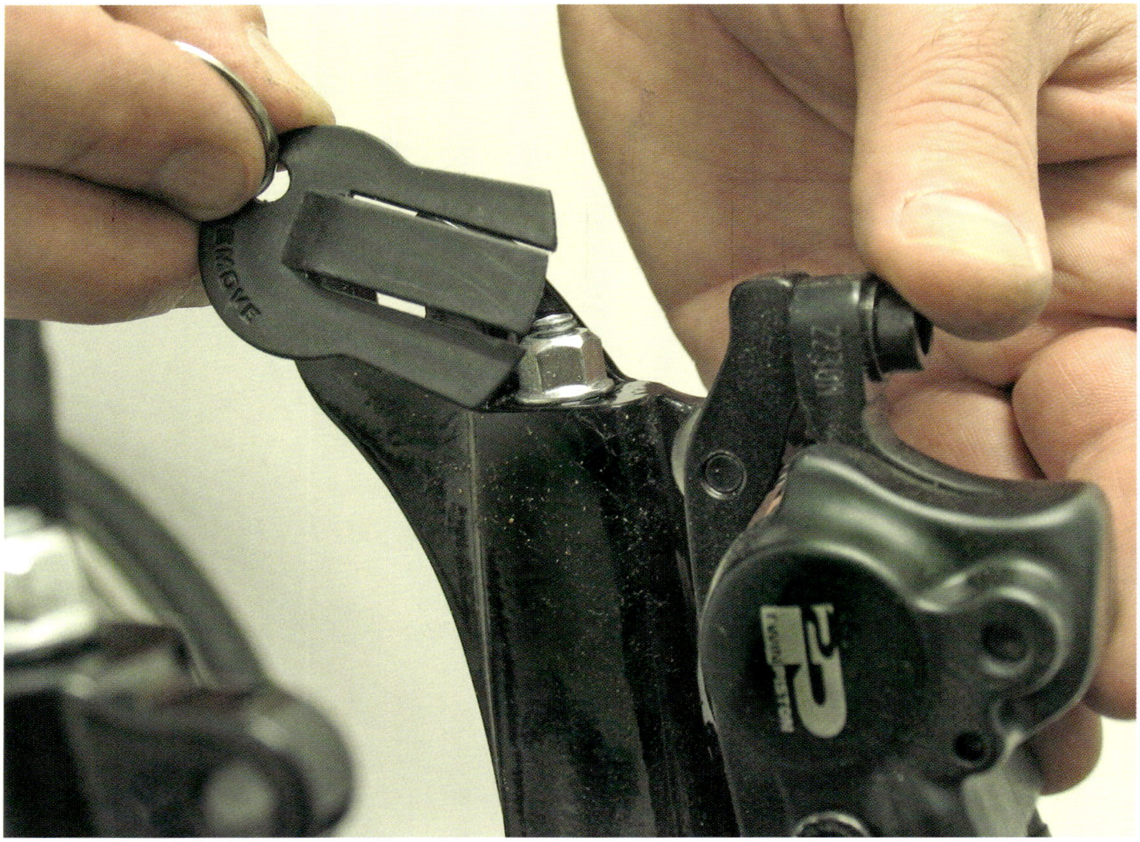

Abb. 3.56 – Wann immer die Bremsscheibe aus dem Sattel der Scheibenbremse herausgezogen wird, muss so eine Sicherung eingeschoben werden. Sie verhindert das unbeabsichtigte Zusammendrücken der Bremssteine.

Bremszangen werden die Verschraubungen des Bremssattels wieder festgezogen. Beachten Sie dabei unbedingt das vom Bremsenhersteller vorgegebene Drehmoment.
Bleibt das ohne Erfolg, muss die Bremsscheibe wohl oder übel gerichtet oder erneuert werden. Die Schlagstelle lässt sich am besten lokalisieren, indem man das Rad im Zentrierständer fixiert und durchdreht. Empfehlungen, die empfindliche Oberfläche der Bremsscheibe mit glatten Zangen zu fassen und geradezubiegen, sind umstritten. Schnell kommt es zu Schäden an der Oberfläche, oder es werden weitere Dellen in die Bremsscheibe gezogen. Das Richten erfordert einiges an Geschick und Erfahrung.
Ist das Pedelec mit Scheibenbremsen ausgestattet, die per Seilzug betätigt werden, gilt sinngemäß das Gleiche, was bereits für Seilzüge gesagt wurde.

3.4.3 Rücktritt- und Rollenbremse

Rücktrittbremsen gelten als weitgehend wartungsfrei. Der Bremsmechanismus befindet sich größtenteils gekapselt in der Hinterradnabe. In der Bauart vergleichbar sind sogenannte Rollenbremsen, nur dass hier die Betätigung über einen Seilzug durch einen Handhebel erfolgt.

Abb. 3.57 – Ob sich die Anschaffung eines Richtwerkzeugs lohnt, sei dahingestellt. Die Erfolg versprechende und sichere Lösung ist der Austausch der Scheibe.

Bei beiden Bremsen drücken Rollen einen Bremsbelag gegen die Nabeninnenseite. Vergleichbar ist das mit Backenbremsen bei Kraftfahrzeugen. Um den Verschleiß gering zu halten, sind diese Bremsen innen mit einem temperaturbeständigen Fett versehen. Wird die Hinterradnabe gereinigt, darf, wie bei Motor und Dynamonabe, keinesfalls unter Druck stehendes Wasser verwendet werden. Es könnte in die Nabe eindringen und sie unbrauchbar machen.

Problematisch wird es, kommt die Rücktritt- oder Rollenbremse bei längeren Bergabfahrten dauerhaft zum Einsatz. Dadurch kann sie sich so weit erhitzen, dass die eingebrachte Permanentschmierung austropft. In diesem Fall muss die Nabe geöffnet und neu geschmiert werden. Möglicherweise sind Verschleißteile auszuwechseln.

3.4.4 Bremsen umrüsten?

Wer sich mit dem Gedanken trägt, sein Pedelec bremstechnisch umzurüsten, sollte sich zuerst im Klaren darüber sein, was er damit erreichen will.

Die folgende Tabelle zeigt einige Unterschiede gängiger Bremssysteme, die auf Erfahrungswerten beruhen:

	Bremskraft	Standfestigkeit	Pflegeaufwand	Kosten
Rollenbremse	mittel	niedrig	niedrig	niedrig
V-Brake	sehr gut	mittel	hoch	niedrig
Hydraulische Felgenbremse	sehr gut	gut (belagabhängig)	mittel	mittel
Hydraulische Scheibenbremse	sehr gut	sehr gut	mittel	mittel

TIPP!

Sind im Pedelec V-Brakes verbaut, sollte man bei länger anhaltendem Bremseneinsatz Vorder- und Hinterradbremse im Wechsel benutzen und so ein kurzzeitiges Auskühlen ermöglichen.

Eine hohe Standfestigkeit der Bremse ist vor allem bei Bergtouren unabdingbar. Selbst bei langen Schussfahrten darf die Bremse nicht durch Fading ihre Bremskraft verlieren. Viele Straßenrennräder sind mit Rennradbremsen mit Seilzug ausgestattet. Diese ermöglichen eine besonders feinfühlige Dosierung der Bremskraft. Die Standfestigkeit wird dabei durch spezielle Bremsbeläge erreicht.

Bremsbeläge unterschiedlicher Ausführung für spezielle Einsatzzwecke werden selten für einfache Bremsenausführungen angeboten. Bei hydraulischen Felgenbremsen sieht das schon anders aus. Hier gibt es bei einigen Herstellern Bremsklötze, die für die jeweilige Felgenausführung optimiert sind, sowie Hochleistungsgummimischungen, die höhere Temperaturentwicklungen verkraften.

3.5 Schaltung pflegen, nachstellen und erneuern

Benötigtes Werkzeug und Hilfsmittel

- Schraubendreher
- Zange
- Seilkappen zum Ersatz
- Kriechölspray
- Reinigungsbürsten

3.5.1 Reinigung und Pflege der Schaltung

Alle Pedelecs sind mit mindestens einer mechanischen Schaltung ausgestattet. Der Trend bei City- und Cruiser-Varianten geht eindeutig in Richtung Nabenschaltung, Trekking-, MTB- oder Rennradausführungen kommen eher mit einer Kettenschaltung auf den Markt. Einige Fahrzeuge mit Tretlagermotor verfügen zusätzlich über ein zweigängiges selbsttätig schaltendes Motorengetriebe.

Während Nabenschaltungen hinsichtlich Reinigung und Oberflächenpflege kaum Mühe machen, erfordern Kettenschaltungen regelmäßig eine aufwendige Reinigung und einige Wartungsarbeiten.

Das „Vollbad" der Schaltkomponenten in Waschbenzin sollte möglichst vermieden werden. Kriechöl ist das Mittel der ersten Wahl. In Kombination mit einem fusselfreien Tuch und weichen Pinseln und Bürsten verschiedener Formen und Längen sorgt es für gute Sauberkeit und gleichzeitig für die Leichtgängigkeit aller Komponenten.

Mindestens einmal jährlich sollte die Kettenschaltung einer Grundreinigung unterzogen werden, zu der das Hinterrad ausgebaut wird. Dadurch werden die Komponenten des Schaltwerks besser zugänglich. Zudem können die Ritzel am Hinterrad auch in den Zwischen-

Abb. 3.58 – Malervlies als Unterlage und passende Bürsten machen die Pflege der Schaltung einfach.

räumen einer gründlichen Reinigung unterzogen werden. Unterhalb der Zähne und an den Umlenkrollen bilden sich häufig Verkrustungen aus Staub und Öl. Hier hilft eine kleine gebogene Bürste.

Wer den Umwerfer tatsächlich sauber bekommen möchte, sollte den Kettenschutz demontieren.

Wie die Bremsseile erfordern die Bowdenzüge der Schaltungen eine entsprechende Pflege und Wartung. Die Züge der Nabenschaltungen lassen sich meist über Karabinerverbindungen von der Schaltung lösen.

3.5.2 Nabenschaltung justieren und warten

Die meisten Nabenschaltungen erfordern lediglich ein regelmäßiges Nachspannen der Betätigungszüge – egal, ob sie mit einem oder zweien ausgerüstet sind. Dazu gibt es in der Bedienungsanleitung einen Hinweis, in welcher Schaltstellung die Nullposition erreicht ist. Meist ist das ein mittlerer Gang. In dieser Stellung sollten die Seile eben noch gespannt sein, ohne bereits unter großer Zugansspannung zu stehen. Als Stellmechanismen finden sich sowohl Schraubspanner als auch einras-

Abb. 3.59 – Die obere Stellschraube dient der Justierung der Nabenschaltung. Mit der unteren wird die Vorderradbremse justiert.

Abb. 3.60 – Zwei unscheinbare rote Markierungen – aber sie müssen exakt fluchten, damit diese Nabe reibungslos schaltet.

Abb. 3.61 – Zur Feineinstellung dieser Nabenschaltung wird der Schalthebel am rechten Lenkergriff auf 2 gestellt. Mit der Kabeleinstellschraube an der Schaltbox werden dann Schaltstange und Nabenachsenende aufeinander ausgerichtet. Dazu müssen die rote und die gelbe Linie in dem kleinen Sichtfenster der Schaltbox in Übereinstimmung gebracht werden.

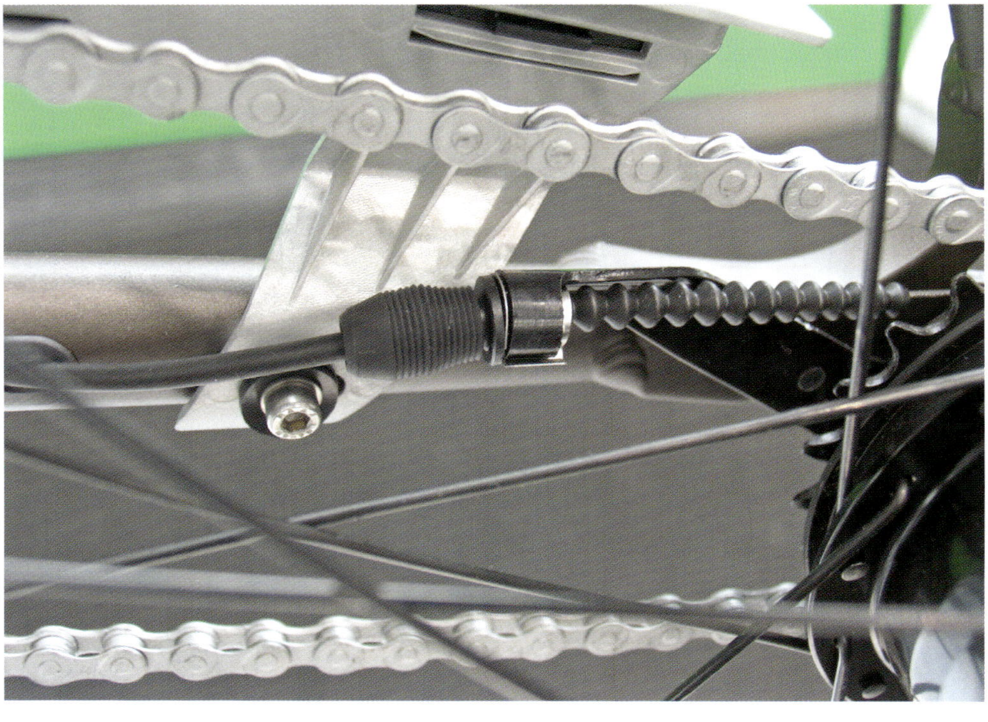

Abb. 3.62 – Hier befindet sich die Stellschraube für die Seilzugspannung an der Getriebenabe unter der Gummiabdeckung.

Abb. 3.63 – Ölbefüllte Getriebenaben nehmen einen Mangel an Aufmerksamkeit übel. Aber die feinmechanischen Kunstwerke danken den regelmäßigen Ölwechsel und das gute Durchspülen mit jahrelanger tadelloser Funktion.

tende Verschlussverbindungen mit kleinen in einen Halter einschiebbaren Kettenstücken.
Lassen sich die Gänge nach einer Wiedermontage des Hinterrads nicht mehr exakt schalten, muss die Nabenbetätigung neu justiert werden. Angesichts der vielen verschiedenen Bauformen muss hier auf die Bedienungsanleitung des Herstellers verwiesen werden. Ihr ist zu entnehmen, ob die Nabe in bestimmten Abständen geöffnet und nachgefettet werden muss. Diese Arbeit sollte im Garantiezeitraum einer Fachwerkstatt überlassen werden.

Etwas aus dem Rahmen fallen einige besonders hochwertige Nabenschaltungen mit Getriebeölbefüllung, die einen regelmäßigen Ölwechsel erfordern. Hier empfiehlt sich die Verwendung des vom Hersteller empfohlenen Öls sowie die Einhaltung der Arbeitsanweisungen zur Innenreinigung der Nabe mit Spülöl und Neubefüllung.

3.5.3 Kettenschaltung justieren

Unabhängig davon, ob Kettenschaltungen mit Zug- und Druckhebeln oder mit Drehgriffen betätigt werden, ist die richtige Seilzuglänge und ihre Leichtgängigkeit Grundvoraussetzung für eine exakt funktionierende Schaltung.

Abb. 3.64 – Seilzüge werden in solchen Klemmungen am Rahmen gesichert. Die exakte Befestigung sollte ebenfalls kontrolliert werden.

Auch die Schalthebel selbst sollten gelegentlich mit einem Tropfen Öl versorgt werden.
Im Normalfall werden Kettenschaltungen über einen Zeitraum von vielen Tausend Kilome-

Abb. 3.65 – Der Umwerfer wechselt die Kette auf den vorderen Zahnkränzen. Sein Käfig muss mindestens 1 mm bis maximal 3 mm oberhalb der Zähne des großen Kettenblattes stehen.

Abb. 3.66 – Die linke Schraube muss gelöst werden, um die Höhe des Umwerfers am Sattelrohr einzustellen. Die rechte dient der Klemmung des Seilzugs.

tern funktionieren, ohne dass eine Justierung vorgenommen werden muss. Sollten sich doch einmal die Gänge gar nicht oder nur unter Krachen und Knirschen schalten lassen, ist wie im Folgenden beschrieben zu verfahren.

Am besten spannt man das Pedelec bei diesen Arbeiten in einen Montageständer und dreht dann das Kettengetriebe per Tretkurbel. Vorn wird mit den Einstellarbeiten begonnen.

Der Abstand lässt sich nach Lösen der Umwerferbefestigung am Sitzrohr einstellen.

Als Nächstes wird die Kette vorn auf das kleinste Kettenblatt und hinten auf das größte Ritzel geschaltet. Mit der Schraube *Low* oder *L* am Umwerfer wird nun der linke Abstand des Umwerferkäfigs von der Kette auf ca. 2 mm eingestellt.

Der Seilzug der Schaltung sollte in dieser Stellung knapp unter Spannung stehen. Das lässt sich am linken Schalthebelgriff durch Drehen der Schraube einstellen. Danach wird die Schraube mit der Kontermutter wieder

Abb. 3.67 – Solche Einstellschrauben finden sich an allen Umwerfern, egal welchen Fabrikats oder welcher Baureihe. Anfangs wird die Justierung etwas Mühe machen. Aber mit der Erfahrung kommt der Erfolg. Passionierte Radler legen auf eine butterweich funktionierende Schaltung Wert und halten nichts davon, wenn es bei jedem Gangwechsel kracht.

arretiert. Reicht die Verstellmöglichkeit nicht aus, muss der Seilzug neu am Umwerferhebel angeklemmt werden.

Anschließend wird die Kette vorn auf den großen Kranz und hinten auf das kleinste Ritzel geschaltet. Mit der Schraube *High* oder *H* am Umwerfer wird der Umwerferkäfig nun so justiert, dass der rechte Abstand zur Kette 2 mm beträgt.

Wird anschließend vorn auf das mittlere Kettenblatt geschaltet, sollte der Umwerferkäfig links einen Abstand von jeweils einem knappen Millimeter zur Kette haben, wenn diese hinten erst auf das größte und dann auf das kleinste Ritzel geschaltet wird. Andernfalls muss nachjustiert werden.

Das Schaltwerk ist für die hinteren Gänge zuständig. Hier lassen sich Schaltprobleme oft schon durch leichte Drehungen an der Stellschraube des Seilzugs beheben. Schalten die Gänge einwandfrei, ist alles in Ordnung. Überspringt die Kette ein Ritzel oder schaltet sie nicht, wird mit der Spannschraube nachjustiert.

Auch am Schaltwerk finden sich die Begrenzungseinsteller *High* und *Low*. Um sie nachzujustieren, wird die Kette auf das kleinste Ritzel geschaltet. Mit der Schraube *High* wird nun

Abb. 3.68 – Mit dieser Spannschraube lassen sich oft Schaltgeräusche und schlechte Schaltbarkeit korrigieren.

Abb. 3.69 –
Oft genügt eine Zehntelumdrehung an der Rändelmutter, um das Schaltwerk wieder „flutschen“ zu lassen. Die obere *High*- und die untere *Low*-Schraube sind ebenfalls nur vorsichtig zu verstellen, sonst knirscht es im Getriebe. Die *B-Screw* ganz oben gibt der Schaltung den letzten Feinschliff.

Abb. 3.70 –
Falls nötig, lässt sich hier der Seilzug mit einem Sechskantschlüssel neu am Schaltwerk fixieren.

die obere Rolle des Schaltwerks exakt unter dem Ritzel positioniert.
Analog dazu erfolgt die Positionierung mit der Schraube *Low* unter dem größten Ritzel.
Mit der *B-Schraube* wird der Abstand zwischen der Umlenkrolle und dem großen Ritzel eingestellt. Er sollte etwa ein bis eineinhalb Kettenglieder betragen.

3.5.4 Wartungsfreie Planetengetriebe

Nabenmotoren können als Direktläufer arbeiten oder das Pedelec über ein integriertes Planetengetriebe antreiben. Mittelmotoren sind fast immer mit einem Getriebe ausgestattet. Die meisten Hersteller garantieren für die Motoren mit Planetengetriebe Wartungsfreiheit für die gesamte Lebensdauer.

Abb. 3.71 – Kettenfett ist im Fahrradhandel in Sprühdosen oder kleinen Tuben erhältlich. Mithilfe einer schmalen Kanüle wird das Fett über die Kettenglieder gezogen. Kettenfett sollte sparsam aufgetragen werden. Nach mehrmaligem Durchdrehen der Kette über die gesamte Länge werden die Reste des Fetts mit einem fusselfreien Tuch entfernt.

3.6 Kette pflegen, nachspannen und erneuern

In Fachkreisen wird gelegentlich über die sachgerechte Entfernung verbrauchter staubgetränkter Schmiermittel an Ketten und Schaltkomponenten gestritten. Dabei geht es vor allem um die Verwendung von lösemittelhaltigen Reinigern. Befürchtungen, dass Schmiermittel aus den Kettengliedern oder den Lagern der Umlenkrollen beispielswei-

Abb. 3.72 – Ketten reagieren empfindlich auf zu aggressive Reinigungsmethoden mit lösemittelhaltigen Substanzen. Etwas Reinigungsbenzin oder das „Allheilmittel" Kriechöl sind auch hier erste Wahl – oder solche speziellen Kettenpflegemittel, die gleich vier Funktionen vereinen und ohne Fett arbeiten.

Abb. 3.73 – Eine vollständig gekapselte Kette am Pedelec ist komfortabel. Wartungsfrei wird sie dadurch aber nicht. Mindestens einmal jährlich sollte der Schutz entfernt und die Kette wie hier beschrieben behandelt werden.

se ausgewaschen werden, sind nicht von der Hand zu weisen.

Die beste Pflege für die Kette ist, sie regelmäßig sauber zu halten und die Kettenglieder zu schmieren. Als unaufwendige Reinigungsmethode hat es sich bewährt, die Kette regelmäßig durch ein mit Kriechöl getränktes fusselfreies Tuch zu ziehen.

Ursache des besonderen Schmiermittelbedarfs von Fahrradketten ist der Aufbau der Kettenglieder, die pro Verbindungsstelle über einen Bolzen, eine Rolle und bei einfacheren Ausführungen nabengeschalteter Pedelecs zusätzlich über eine Hülse verfügen. Wird das Schmiermittel aus diesem System ausgewaschen, kann es schnell zu erhöhtem Verschleiß kommen.

Abb. 3.74 – Bolzen und Rollen eines solchen Kettenglieds funktionieren auf Dauer zwar nicht im wörtlichen Sinne „reibungslos“, aber mit der geringst möglichen mechanischen Reibung – sofern sie stets gut geschmiert werden.

TIPP!

Kostengünstiger als ein turnusmäßiger Kettenwechsel ist eine gelegentliche Verschleißmessung an der Kette.

Gelegentlich wird empfohlen, die Kette eines Fahrrads alle 1.000 km zu wechseln, weil sonst die Zahnkränze und Ritzel in Mitleidenschaft gezogen werden. Andernfalls müssten alle 3.000–5.000 km Zahnräder und Kette komplett erneuert werden. Das wäre bei einem normalen Gebrauch des Pedelecs aber wohl übertriebene Vorsicht.
Als verschlissen gelten Ketten, wenn sich der Abstand zwischen den Gelenken um 1/10 mm erweitert hat. Um das festzustellen, kann man eine einfache Schiebelehre verwenden, die mit den Messflanken zur Innenmaßmessung zwischen elf Rollen eingesetzt wird.

Abb. 3.75 – Zur Messung des Kettenverschleißes werden die beiden Innenmesszungen der Schiebelehre zwischen elf Kettenrollen geklemmt. Diese Kette ist noch intakt.

Der Standardabstand zwischen zwei Rollen beträgt heute bei den meisten Fahrradketten ½", das sind 12,7 mm. Abgezogen werden muss die jeweils hälftige Rollenstärke von insgesamt 7,8 mm. Damit beträgt der Abstand zwischen elf Rollen bei einer neuen Kette 119,2 mm, mit Mess- und Fertigungstoleranzen 119,5 mm.

TIPP!

Ist die Kette komplett demontiert, offenbart ein einfacher *Biegetest* ihre Beschaffenheit. Die quer zu den Kettengliedern gehaltene, längs ausgestreckte Kette sollte möglichst gerade nach vorn ragen. Beschreibt sie einen deutlichen Bogen, ist das Spiel in den Kettengliedern bereits so groß, dass ein Austausch fällig ist.

Ab einer Weite von 120,5 mm sollte die Kette ausgetauscht werden.

Einfacher geht die Messung mit einer speziellen *Fühllehre*, wie sie beispielsweise von der Firma Roloff angeboten wird.

Um den Verschleiß in Grenzen zu halten, muss die Kette stets hinreichend gespannt sein. Bei Kettenschaltungen erfolgt die Spannung durch einen Kettenspanner automatisch, vorausgesetzt die Kette hat die auf Ritzel und Zahnkränze abgestimmte richtige Länge.

Die Kette sollte zudem immer in der Nähe der sogenannten Kettenlinie zwischen den vorderen und den hinteren Zahnrädern laufen. Diese Ideallinie läuft faktisch parallel zur Rahmenflucht. Praktisch bedeutet das, dass nicht willkürlich jeder vordere Zahnkranz per Schaltung mit jedem hinteren verbunden werden

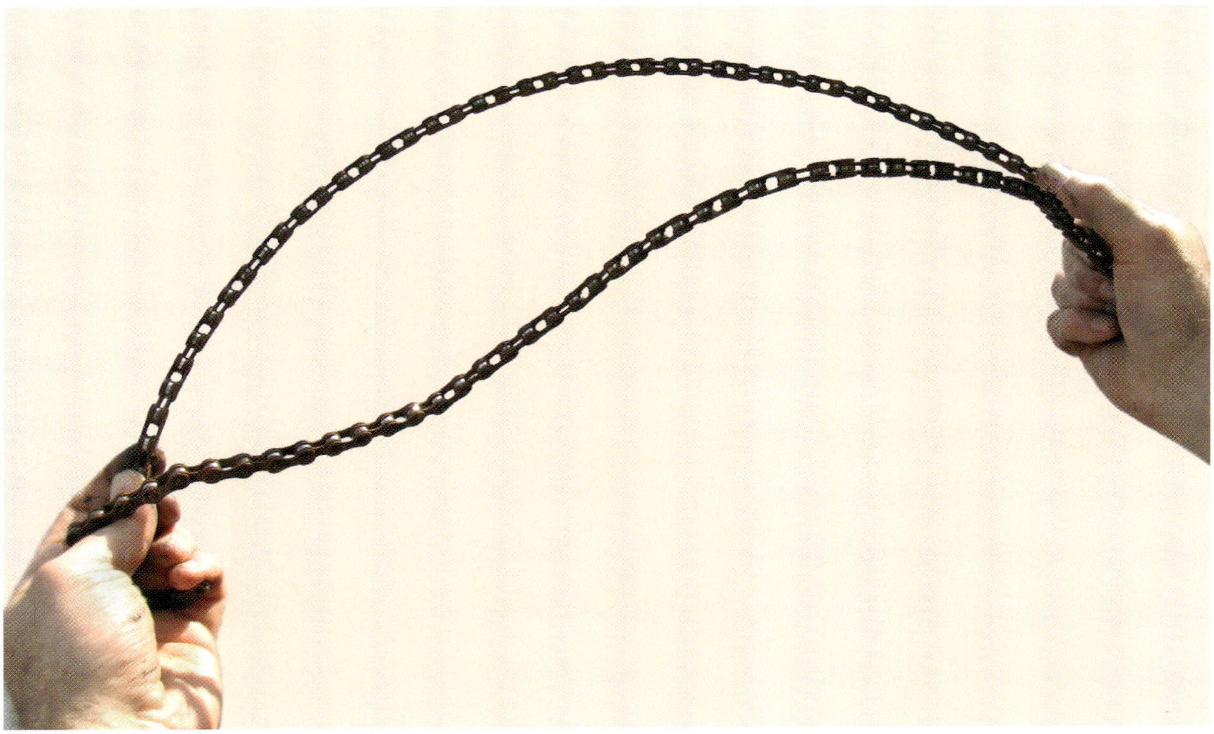

Abb. 3.76 – So sieht eine klassische Bogenlampe aus. Das Spiel in den Kettengliedern ist schon so groß, dass die Kette ihre Stabilität verloren hat. Hier ist der Austausch schon lange überfällig, und Folgeschäden an Kettenblättern und Ritzeln sind sehr wahrscheinlich.

sollte. Wenn z. B. ein Dreier-Zahnkranz und ein Siebener-Ritzelpaket zusammenlaufen, sind folgende Schaltkombinationen möglich:

- Vorn 1 (größter Zahnkranz) – hinten 7 (kleinstes Ritzel), 6 oder 5
- Vorn 2 (mittlerer Zahnkranz) – hinten 5, 4 (mittleres Ritzel) oder 3
- Vorn 3 (kleinster Zahnkranz) – hinten 3, 2 oder 1 (größtes Ritzel)

Viele Schaltarmaturen zeigen mittlerweile grafisch die empfohlenen Schaltkombinationen an.

Bei Nabenschaltungen muss die Kette von Zeit zu Zeit per Hand nachgespannt werden, um den Verschleiß zu minimieren. Pedelecs mit Nabenschaltung verfügen aus diesem Grund über horizontale Ausfallenden.

Bei horizontalen Ausfallenden kann die Kette durch die Positionsverschiebung der Nabenbe-

Abb. 3.77 – Gut gespannte Kette; ausreichend Spielraum für die Nachspannung bieten solche Ausfallenden nur dann, wenn die Kettenlänge richtig bemessen wurde. Sie wird von der Entfernung zwischen Nabenmitte und Tretlagermitte sowie der Zahnzahl von Zahnkranz und Ritzel bestimmt.

Abb. 3.78 – Ein solcher Kettenspanner erübrigt bei Nabengetrieben das regelmäßige Nachspannen der Kette von Hand.

festigung gespannt werden. Die Kette soll sich etwa 1–1,5 cm nach oben und unten bewegen lassen. Wichtig ist, bei den Nachspannarbeiten die Flucht des Hinterrads wieder exakt einzustellen.

Wer sich diese Arbeit sparen will, kann einen Kettenspanner speziell für den Einsatz bei Nabenschaltungen nachrüsten, sofern der Hinterbau des Pedelecs über Möglichkeiten zur Montage verfügt.

Ketten für durchschnittliche Beanspruchungen sind durch Kettenschlösser mit Spangen gesichert, die über vorgefräste Nuten an zwei Kettenbolzen geschoben werden. Um die Spange ab- und wieder aufzudrücken, wird eine Flachzange benutzt. Das geschlossene Ende der Spange muss stets in Drehrichtung der Kette weisen.

Ketten für höhere Beanspruchungen sind komplett vernietet und müssen mit einem Kettennieter geöffnet und wieder geschlossen werden. Zum Vernieten werden Ersatznieten mit Sollbruchstellen benutzt, um sie auf die benötigte Länge einzustellen.

Auch einzelne beschädigte Kettenglieder finden sich eher im Extremradsport und sind bei Pedelecs selten. Sollte dies doch vorkommen, lassen sie sich mithilfe eines Kettennieters entfernen und durch ein intaktes Glied ersetzen.

Bei normaler Kurbelbewegung auf ebener Strecke erzeugt ein durchschnittlich trainierter Radfahrer ein Drehmoment um die 25 Nm. Beim Anfahren oder beim kräftigen Antritt am Berg sind es noch deutlich mehr.

Hinzu kommen beim Pedelec durch die motorische Unterstützung noch einmal um die 15 Nm, je nach gewähltem Unterstützungsgrad. Diese Kräfte müssen über die Kette möglichst verlustfrei an das Hinterrad übertragen werden. Die Kette gehört somit zu den am stärksten beanspruchten Bauteilen bei einem Pedelec.

In neuem Zustand und exakt geführt verursacht eine Kette einen Reibungsverlust von lediglich 2 %, d. h., sie arbeitet mit einem Wirkungsgrad von 98 %.

Dabei ist Kette nicht gleich Kette. Unabhängig von der herstellerbedingten Qualität der verschiedenen Ausführungen unterscheiden sie sich auch hinsichtlich ihrer Bauart. Es gibt Ketten mit Hülsen und hülsenlose Ausführungen. Letztere kommen wegen ihrer besseren seitlichen Beweglichkeit bei Kettenschaltungen fast ausschließlich zum Einsatz.

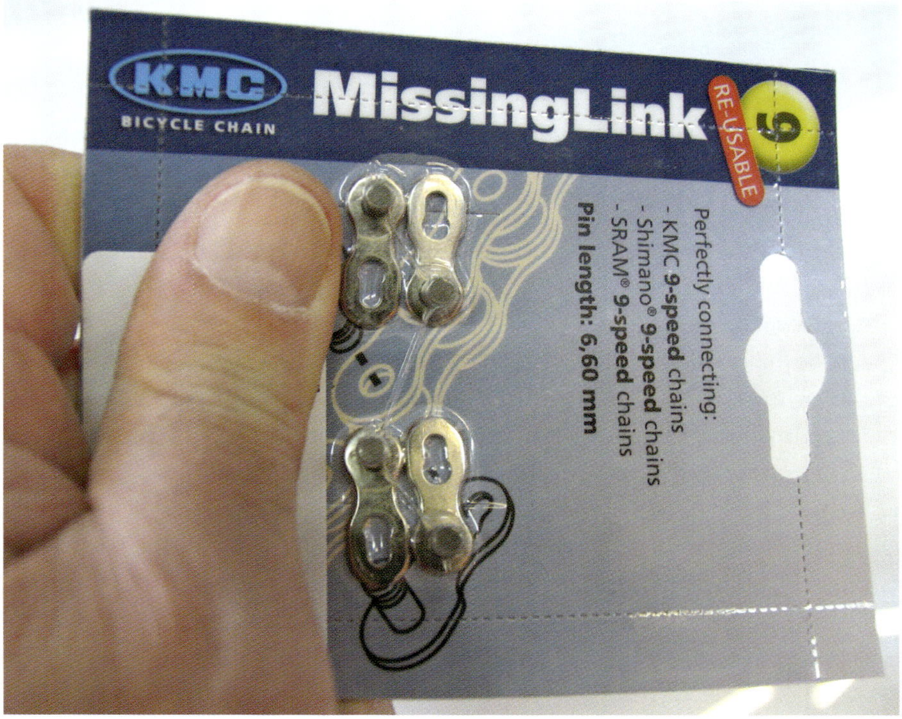

Abb. 3.79 – Schloss für die Kette einer 9-Gang-Kettenschaltung; beim Kauf muss man also aufpassen, dass das Schloss wirklich zur Kette des eigenen Pedelecs passt. Ein Kettenriss ist bei einem Pedelec allerdings eher die Ausnahme. Trotz der teils hohen Kräfte, die hier übertragen werden, halten die Ketten zusammen. Ist irgendwann der Kettentausch fällig, wird die neue Kette inklusive Schloss gekauft.

Abb. 3.80 – Kettennieter werden benötigt, um defekte Kettenglieder zu ersetzen oder komplett vernietete Ketten zu öffnen.

Ähnlich wie bei der Bereifung gibt es bei Ketten unterschiedliche Abmessungen. Die Länge ist von der Zahl der Zähne auf Kettenblättern und Ritzeln und vom Abstand zwischen Tretlager und Nabenmitte abhängig. Überdies gibt es unterschiedliche Kettenbreiten. Je mehr Ritzel im Paket enthalten sind, desto schmaler muss auch die Kette sein, um die Schaltvorgänge exakt ausführen zu können. Hochwertige Ketten zeichnen sich deshalb durch sehr dünne aber stabile Kettenlaschen aus. Das sind aber Dimensionen, die nur im Radsport eine Rolle spielen und bei Pedelecs vernachlässigt werden können.

Selten finden sich bei Pedelecs Kardan- oder Zahnriemenantriebe. Bei Kardanantrieben muss das Öl im Umlenkgetriebe in der Regel von Zeit zu Zeit gewechselt werden.

Zahnriemen laufen geräuscharm. Die Wartung beschränkt sich auf da Sauberhalten und gelegentliches Nachspannen. In Abhängigkeit von der Riemenqualität muss das alle 3–4 Monate geschehen.

3.7 Wartung der elektrischen Bauteile

3.7.1 Kabel prüfen

Pedelecs sind mit 6-V- oder 12-V-Beleuchtungsanlagen ausgerüstet. 12-V-Anlagen haben eine höhere Lichtausbeute. Ob eine Umrüstung sich lohnt, sei allerdings dahingestellt.

Die Stromversorgung muss über einen Dynamo erfolgen. Batteriebetriebene Beleuchtung ist lediglich als Zusatzausstattung zur regulären Beleuchtung erlaubt. Die fest installierte Beleuchtungsanlage ist fast ausnahmslos zweiadrig ausgeführt.

Abb. 3.81 – Um die Gummidichtung geschmeidig zu halten, muss hier hin und wieder mit einem Gummipflegemittel nachgeholfen werden.

In jedem Fall sind alle sichtbaren und zugänglichen Kabel und Anschlussstellen zu reinigen und regelmäßig auf Korrosion und Beschädigungen zu prüfen. Besonders bruchgefährdet sind Knickstellen im Übergangsbereich vom Rahmen zum Lenker und Kabeleinfädelungen in den Rahmen. Falls die Kabelführung teilweise innerhalb des Rohrs erfolgt, sollten die Austrittsstellen mit Gummis gedichtet sein.

Metallisch blanke Verbindungsstellen und Passagen sind mit Polfett gegen Korrosion zu schützen.

3.7.2 Scheinwerfer prüfen, einstellen und erneuern

Fahrrad- und damit auch Pedelec-Scheinwerfer müssen auf eine Reichweite des Leuchtkegels von 10 m eingestellt sein, um eine Blendung des Gegenverkehrs zu vermeiden.

Die Leuchtweite lässt sich am besten an einer weißen Wand messen. Dazu wird das Pedelec so platziert, dass zwischen der Scheinwerferstreuscheibe und der Wand eine Entfernung von 5 m besteht. Der Leuchtkegel muss sich nun an der Wand in halber Höhe des Austritts aus dem Scheinwerfer befinden.

Abb. 3.82 – Bei einer solchen einadrigen Installation ist Korrosion vorprogrammiert, wenn die Verbindungen nicht besser eingeführt und mit Polfett geschützt werden.

TIPP!

Fahrradglühbirnen haben eine begrenzte Lebensdauer. Regelmäßiger Austausch im Jahresabstand schützt vor Reparaturen unterwegs. LEDs (6 V/2,4 W oder 12 V/4,8 W) mit Glühlampenfassung passen in viele Fahrradscheinwerfer und haben eine wesentliche höhere Lichtausbeute und Lebenserwartung.

Am besten bringt man zuvor mit Klebeband eine Markierung an der Wand an. Das Messen macht etwas Mühe, wenn das Pedelec nicht über eine Standlichtfunktion verfügt, weil das den Dynamo treibende Rad gedreht werden muss. Hier sollte also ein Helfer dabei sein, der das Pedelec anhebt – aber nur so knapp, dass die Einstellmaße nicht beeinflusst werden.

Sind Scheinwerfer und Rücklicht mit Standlicht ausgestattet, bedürfen diese meist keiner weiteren Wartung. Solche Standlichter funktionieren in der Regel mit Kondensatoren, die die Spannung für ein bis zwei Stunden Betrieb speichern. Es lohnt sich selten, defekte Lampen zu reparieren. Um den Kondensator als Fehlerquelle zu ermitteln, bedarf es entsprechender Messgeräte. Dann muss ein passender Kondensator aufgetrieben werden. Das defekte Bauteil wird ausgelötet, das neue eingesetzt.

Schneller und mit garantiertem Erfolg verbunden ist der Komplettaustausch.

Der Austausch ist auch dann sinnvoll, wenn die Lichtleistung des Scheinwerfers zu wünschen übrig lässt. Alle ab 2006 gebauten Pedelecs sollten mit einem Scheinwerfer ausgerüstet sein, dessen Helligkeit in der Mitte des Lichtkegels mindestens 10 Lux beträgt. Ältere Typen erreichen mit normalen Glühbirnen teils nur 4 Lux. Am Markt findet sich heute eine Vielzahl an Scheinwerfern, die 40 und mehr Lux erreichen. Halogenbirnen oder LEDs sorgen für diese hohe Lichtausbeute. Wichtig ist, auf die Voltzahl der eigenen Lichtanlage zu achten. Ein Austausch sollte mit wenigen Handgriffen vonstattengehen.

3.7.3 Rücklichtanlage prüfen und erneuern

Scheinwerfer und Rücklicht müssen bei einem Pedelec immer gemeinsam leuchten. Eine Sichtprüfung wird Aufschluss über die Funktionstüchtigkeit geben. Mit etwas Polfett sollte bei offen sichtbaren Verkabelungen gelegentlich der Korrosion vorgebeugt werden. Gerade beim Rücklicht kommt es häufig zu Wackelkontakten. Zum einen lösen sich Kabel, zum anderen rutschen die Birnen durch die permanenten Erschütterungen während des Fahrbetriebs aus den Fassungen.

Ist das der Fall, wird die Rücklichtkappe mit einem Schraubendreher gelöst und die Glühlampe wieder in ihre Fassung gesetzt.

3.7.4 Reibraddynamo warten und justieren

Reibraddynamos sind an Pedelecs meist dann verbaut, wenn der Motor in der Vorderradnabe sitzt.

Gute Funktion und geringer Verschleiß an Reibrad und Reifenflanke sind nur dann gewährleistet, wenn das Reibrad auf richtiger Höhe am Reifen anliegt, also an der geriffelten Reifenfläche. Seine horizontale Achse sollte der Laufrichtung des Reifens folgen, ohne zu verkanten.

Die Anlegemechanik des Reibraddynamos braucht regelmäßige Reinigung und hin und wieder einen Tropfen Kriechöl.

Die Reibräder gibt es aus Kunststoff, hochwertigem Gummi oder aus Edelstahl. Vor allem Kunststoffreibräder müssen gelegentlich getauscht werden, weil die Rillen sich abarbeiten und der Dynamo dann durchrutschen kann.

Abb. 3.83 – Selbst wenn dieses Rändelrad in Bewegung kommt, wird es immer wieder über die Aluminiumfelge rutschen und die Beleuchtung nur flackern. Schon nach kurzer Zeit ist es verschlissen.

Abb. 3.84 – Der Anlegewinkel ist richtig, wenn eine gedachte Achsenverlängerung des Dynamos genau auf die Nabenmitte des Rads zielt.

Hochwertige Dynamos verfügen über verschleißfreie Reibräder. Sie sind meist mit einer elektronischen Spannungsregelung ausgestattet. Das verhindert das Durchbrennen der Birnen, was bei Fahrten mit hoher Geschwindigkeit passieren könnte. Zudem sind hier die Laufgeräusche und der Laufwiderstand geringer als bei einfachen Modellen. Sie liefern teils schon bei 10 km/h die volle Lichtleistung.

Soll der Dynamo ausgetauscht werden, muss auf die richtige Seitenausrichtung geachtet werden. Es gibt Dynamos in Links- und in Rechtsausführung.

3.7.5 Nabendynamo warten

Bei Pedelecs mit Mittelmotor oder Hecknabenantrieb finden sich oft Nabendynamos am Vorderrad. Hier haben sich die Permanent-

Abb. 3.85 – Perfekt justierter Dynamo

Abb. 3.86 – So sollte die Steckverbindung am Nabendynamo aussehen.

läufer weitgehend durchgesetzt. Seltener sind Varianten, die über ein integriertes Planetengetriebe ausgerückt und dadurch stromlos gemacht werden können.
Bei beiden Varianten beschränkt sich die Wartung auf die Reinigung der von außen zugänglichen Teile und gelegentlich etwas Polfett für die Steckverbindung. Das empfiehlt sich schon deshalb, weil diese Verbindung beim Ausbau des Vorderrads gelöst werden muss. Ist sie dann verschmutzt und sind die Pole korrodiert, kann es zu Bruchschäden kommen und der Stecker muss ausgetauscht werden.
Die Drähte sind lediglich durch eine Klemmverbindung in diesen Steckern fixiert. Sie werden nicht gelötet. Dadurch kann es passieren, dass der Draht bei einem Sturz oder anderweitigem Zug auf das Dynamokabel ganz

Abb. 3.87 – Entfernen Sie den Stecker am Nabendynamo, ehe Sie das Vorderrad ausbauen. Wird das vergessen, reißen die dünnen Drähte schnell ab und man hat einige Mühe, den Stecker wieder zu verdrahten.

oder teilweise aus dem Stecker gezogen wird. Folge ist ein kompletter Funktionsausfall der Beleuchtung oder Flackern des Lichts.

Um die Drähte wieder hineinzuschieben, muss die Haltenase mit einem kleinen Schraubendreher eingedrückt werden. Dann lässt sich der Steckereinsatz entnehmen und die Kabel können nachgeschoben werden.

Dabei dürfen die Kabel nicht vertauscht werden. Eine falsche Polung kann zu Schäden an der Lichtanlage führen.

3.8 Wartung der elektronischen Bauteile

3.8.1 Wartung des motorischen Antriebs

Alle Pedelec-Motoren sind komplett gekapselt und grundsätzlich wartungsfrei, was die mechanischen, elektrischen und elektronischen Komponenten innerhalb des Gehäuses betrifft.

Abb. 3.88 – Die Wartung bei diesem Vorderradnabenmotor beschränkt sich im Normalfall auf die Reinigung. Erst wenn das Planetengetriebe starke Geräusche entwickelt, muss seine Schmierung erneuert werden.

Abb. 3.89 – Die Direktläufer sind in der Regel deutlich größer und meist schwerer als die mit Getriebe. So erkennt man sie auf den ersten Blick. Die Größe ist notwendig, um ausreichend Drehmoment ohne Getriebeuntersetzung zu erzeugen.

Die Kabeleinführungen in die Gehäuse und die außen liegenden Verbindungsstecker zwischen den Kabeln sind sauber zu halten und mit Polfett zu behandeln.

Bei den Nabenmotoren ist zwischen Direktläufern und solchen mit innen liegenden Planetengetrieben zu unterscheiden.

Da es sich meist um bürstenlose Motoren handelt, sind hier lediglich irgendwann die Lager nachzufetten oder schlimmstenfalls auszutauschen. Schreibt der Motorenhersteller dafür eine zeitliche Frist oder eine bestimmte Laufleistung vor, muss diese eingehalten werden. Andernfalls sollte man den Motor nicht ohne zwingenden Grund öffnen. Ist er aber schwergängig oder stellen sich starke und ungewöhnliche Laufgeräusche ein, ist es Zeit, ihn genauerer Betrachtung zu unterziehen.

Direktläufer mit Rekuperationsschaltung erzeugen dynamoähnliche Geräusche und einen mechanisch spürbaren Widerstand, wenn sie im Energiegewinnungsmodus arbeiten. Dank

Abb. 3.90 – Auch Hinterradnabenmotoren mit integrierten Planetengetrieben verursachen anfangs mechanische Laufgeräusche, die nach der Einlaufphase nachlassen. Das ist kein technischer Mangel.

Abb. 3.91 – So sauber bleibt er nicht, aber regelmäßige Reinigung und Pflege halten den Antrieb funktionstüchtig.

Abb. 3.92 – Mit weichen Bürsten lassen sich die Kunststoffteile der Motorkapselung reinigen, ohne Kratzer und Schrammen zu verursachen.

des Widerstands können sie als Motorbremse eingesetzt werden.

Bei welcher Geschwindigkeit die Rekuperation einsetzt, wird durch die Steuersoftware und den Controller geregelt. Um hier keiner Fehleinschätzung zu unterliegen, sollte man im Zweifelsfall den Hersteller konsultieren. Bei einigen Systemen setzt die Rekuperation beispielsweise standardmäßig bei 27,7 km/h ein.

Bei den wenigen Pedelec-Motoren mit Schleifkohlen sind diese regelmäßig austauschen. Die Wartungsintervalle sind der Bedienungsanleitung zu entnehmen.

Mittelmotoren gehören ebenfalls zu der Gruppe der planetengetriebenen Fahrhilfen. Hier müssen je nach Bauart weitere Wartungsarbeiten durchgeführt werden. Greift der Motor über ein eigenes Ritzel mit Kettenspanner in die Kette ein, gelten die Pflegehinweise wie für Zahnkränze und Kette allgemein.

Manche Mittelmotoren greifen über gekapselte Getriebe auf die Tretlagerwelle zu. Hier gilt das, was bereits zu Planetengetrieben gesagt wurde.

Bei jeder Wartung sollten alle Kontakte der gesamten Verkabelung zwischen Motor, Steuereinheit, Controller und Akku von Feuchtigkeit befreit und auf Schmorstellen hin untersucht werden.

Wenn etwas verschmort ist, sollte man, um andere Fehlerquellen auszuschließen, die Elektronik von einem Fachmann durchmessen lassen. Da noch nicht alle Fahrradfachwerkstätten über die entsprechenden Geräte verfügen, muss eine vom Motorenhersteller empfohlene Servicewerkstatt konsultiert werden.

TIPP!

Schmorstellen sind häufig ein Indiz für lockere Kabelverbindungen. Durch den erhöhten elektrischen Widerstand kommt es zu den höheren Temperaturen an den Übergangsstellen.

3.8.2 Akkuwartung

Der Akku ist sozusagen der Tank des Pedelecs. Hier wird die Energie gespeichert, die dem Fahrer dann den „künstlichen Rückenwind“ liefert.

Leider ist es zumindest im Moment noch so, dass der Akku das teuerste und gelegentlich auch störanfälligste Teil eines Pedelecs ist. Der Akku benötigt die meiste Aufmerksamkeit.

Weitgehend durchgesetzt haben sich derzeit Lithium-Ionen(Li-Ion)-Akkus. Sie haben viele Vorteile, beispielsweise eine sehr gute Speicherfähigkeit. Doch dazu später mehr.

Grundsätzlich sind sicherheitsgeprüfte Li-Ion-Akkus von seriösen Herstellern eine sichere Energiequelle für das Pedelec.

Aus den folgenden Eigenschaften ergeben sich allerdings trotzdem Wartungspflichten und Behandlungsempfehlungen:

- Schlagempfindlichkeit
- Feuchtigkeitsempfindlichkeit
- Entgasungs- und Explosionsgefahr bei falscher Behandlung
- Selbstentladungsneigung
- Zerstörung durch Tiefentladung
- Frostempfindlichkeit

TIPP!

Li-Ion-Akkus kennen keinen Memory-Effekt, sondern verbessern ihre Leistungsfähigkeit durch häufiges Laden.

Abb. 3.93 – Gleich aussehende Akku-Steckdosen können unterschiedlich verkabelt sein. Benutzen Sie deshalb immer nur die zum Akku mitgelieferten Ladegeräte und Kabel.

Li-Ion-Akkus sollten nach jedem Gebrauch des Pedelecs wieder aufgeladen werden.
Ein Aufladen der Batterie eingebaut im Pedelec darf nur erfolgen, wenn der Hersteller das ausdrücklich erlaubt und die Vorgehensweise erläutert.
Ansonsten gelten die folgenden Sicherheitsempfehlungen:

- Li-Ion-Akku zum Laden aus dem Pedelec entnehmen
- Vorsicht beim Transport: Explosionsgefahr bei Sturz und heftiger Erschütterung
- Niemals feuchte Li-Ion-Akkus laden: Explosionsgefahr
- Keine beschädigten Akkus laden
- Ausschließlich das vom Hersteller mitgelieferte Ladegerät verwenden
- Keine unbeaufsichtigte Ladung vornehmen
- Keine brennbaren oder anderen Gefahrgüter in der Nähe aufbewahren
- Keine Ladung unterhalb von 8 °C vornehmen
- Ladegerät nicht über Doppelstecker oder Verlängerungskabel an die Stromversorgung anschließen

Ist ein Li-Ion-Akku durch einen Sturz mechanisch beschädigt oder tritt Feuchtigkeit aus, darf er auf keinen Fall mehr verwendet werden.
Ein unbrauchbarer Akku ist umgehend an den Händler zurückzugeben, bei dem das Pedelec gekauft wurde. Er ist zur Rücknahme verpflichtet.
Wurde das Pedelec im Internet gekauft, senden Sie einen Li-Ion-Akku niemals als einfache Paketsendung zurück. Li-Ion-Akkus fallen unter die Gefahrgutrichtlinie und müssen in speziellen Sicherheitsbehältern versandt werden. Fordern Sie einen solchen Behälter beim Online-Händler an.
Lagern Sie niemals defekte oder nicht mehr brauchbare Akkus privat.
Notfalls muss der Akku in einem kommunalen Recyclinghof zur fachgerechten Entsorgung abgegeben werden.

WARNUNG!

In manchen Haushalten existieren mehrere Pedelecs mit scheinbar baugleichen Akkus und Ladegeräten. Identisch aussehende Stecker können trotzdem unterschiedlich belegt sein. Bei drei Pins sind rein rechnerisch sechs verschiedene Belegungsvarianten möglich, bei vier Pins bereits 24! Vertauschen Sie deshalb niemals die Ladegeräte untereinander. Explosionsgefahr! Kennzeichnen Sie die Geräte eindeutig und verwenden Sie sie nur für den jeweiligen Akku.

TIPP!

Fällt der Akku unterwegs herunter und nimmt Schaden, sollten Sie zur Sicherheit mit der Feuerwehr Rücksprache wegen der weiteren Vorgehensweise halten.

3.8.3 Akkuschnellladung

Das Akkusystem für ein Pedelec besteht aus drei Komponenten:

- Akku
- Ladesteuergerät inklusive Ladesoftware
- Netzteil

Das Ladesteuergerät kann sowohl in der Batterie als auch in das Netzteil integriert sein. Es steuert die Stromaufnahme beim Ladevorgang und überwacht die einzelnen Zellen des Akkus, um Überspannungen oder Überhitzungen zu vermeiden.

Grundsätzlich gilt: Je schneller geladen wird, umso höher ist die physikalisch-chemische Beanspruchung des Akkus. Das verringert seine Lebensdauer.
Einerseits möchte der Besitzer eine möglichst hohe Lebensdauer des Akkus, denn Ersatz ist teuer. Andererseits möchte er, vor allem unterwegs, nicht mehrere Stunden warten, bis der Akku geladen ist. Die meisten Ladegeräte sind herstellerseitig auf einen Mittelweg zwischen Ladezeit und Lebensdauer programmiert. Als Faustregel gilt, dass eine Stunde Ladezeit etwa 10–15 km Reichweite generiert.
Anstelle des serienmäßig mitgelieferten Geräts handelsübliche Schnellladegeräte zu verwenden, ist aus Sicherheitsgründen nicht empfehlenswert.
Wer längere Strecken plant, sollte über die Anschaffung eines zweiten, baugleichen Originalakkus nachdenken.
Alle bisherigen Versuche der Industrie, eine Schnittstellenkompatibilität bei Pedelecs zu schaffen, stecken noch in den Kinderschuhen. Derzeit wird zwar an einem Energie-Bus-System gearbeitet, mit dem alle Pedelec-Batterien ähnlich dem USB-Standard bei Computern ausgerüstet sein sollen, aber das ist reine Zukunftsmusik.

3.8.4 Akkutiefentladung

Während des Fahrbetriebs überwacht der Controller die einzelnen Zellen der Batterie und schützt das System vor Tiefentladung. Er schaltet das Antriebssystem ab, ehe es für den Akku gefährlich wird.
Wenn das Pedelec längere Zeit nicht benutzt wird muss der Besitzer selbst die Kontrolle übernehmen. Stellt er das Pedelec beispielsweise mit eingebautem Akku im Oktober in den Fahrradkeller und will im März wieder auf Tour gehen, wird der Akku mit hoher Wahrscheinlichkeit den Dienst versagen.
Chemisch-physikalische Prozesse der Tiefentladung führen zu Kristallisierungen. Das kann schlimmstenfalls in einer Explosion enden.
Mindestens einmal monatlich sollte der Li-Ion-Akku auch bei Nichtbenutzung an das Ladegerät angeschlossen werden. Eine vorherige Entladung über die Selbstentladung hinaus ist nicht notwendig.

TIPP!

Verwenden Sie nur Akkus mit entsprechenden Prüfzertifikaten und einem Nachweis, dass sie für den vorgesehenen Einsatzzweck tauglich sind. Erwerben Sie den Akku nur von einem seriösen Anbieter.

3.9 Ergonomische Optimierung der Sitzposition

Anfangs wird die Sitzposition bei dem neuen Pedelec ohne eigene praktische Erfahrung eingestellt. Schon nach wenigen Kilometern wird sich zeigen, ob Sattel und Lenker so bleiben können. Spätestens bei der ersten größeren Tour kommt dann die Stunde der Wahrheit.
Viele Radfahrer klagen über Sitzbeschwerden. Leider ist das bei Pedelecs nicht anders. Die von Pedelec-Fahrern gern diskutierte Reichweite des Akkus tritt schnell als theoretische Größe in den Hintergrund, wenn der Sattel bereits nach wenigen Kilometern Schmerzen verursacht. Viele Fahrer meiden nach anfänglicher Euphorie schon bald lange Strecken, weil sie mit dem Sattel unzufrieden sind. Dabei lässt

Abb. 3.94 – Manche Pedelecs lassen sich bequem (Vorbau deutlich höher als Sattel) ...

Abb. 3.95 – ... oder sportlich (Vorbau und Sattel auf einer Ebene) einstellen.

sich das Problem meist mit wenigen Handgriffen aus der Welt schaffen.

Üblich sind bei Pedelecs die nach vorn geneigte, sportliche Touren- und die komfortable, aufrechte Cruiser- oder Cityposition. Zwischen beiden Haltungen kann man alle denkbaren Zwischeneinstellungen nach eigener Vorliebe vornehmen.

3.9.1 Die fahrdynamisch optimale Sitzposition finden

Meist ist die optimale Sitzposition erst nach mehreren Versuchen ermittelt. Sie hängt nicht zuletzt von der Rahmenform des Pedelecs ab.

Die Grundhaltung des Fahrers wird durch das Verhältnis der Höhe von Sattel und Lenker zueinander und die Vorbauneigung bestimmt.

Die Lenkerhöhe lässt sich durch das Herausziehen des Vorbaus aus dem Gabelschaft regulieren.

Zu den an einem Pedelec komplett oder teilweise zur Verfügung stehenden Einstellmöglichkeiten für die optimale Sitzposition gehören:

- Lenkerhöhe
- Vorbauneigung
- Position des Lenkerrohrs
- Stellung der Griffarmaturen
- Spannweite der Bremshebel
- Neigung der Ballenauflage am Handgriff
- Neigung der Barends (Lenkerhörnchen)
- Stellung des Elektronik-Displays
- Stellung eines separaten Bordcomputers
- Klingelposition
- Sattelhöhe
- Sattelneigung
- Sattelentfernung vom Lenker
- Federspannung der Sattelstütze

3.9.2 Einstellen des Sattels

Jedes Zweirad wird zu einem beträchtlichen Teil durch Körperbewegung gesteuert. Der Sattel ist also nicht nur für den bequemen Sitz zuständig. Der perfekte Körperschluss (die Verbindung von Fahrer und Fahrzeug) und die sichere Kurvenschräglage setzen eine optimale Sitzposition voraus.

Als Erstes wird die Sattelhöhe korrigiert.

Dazu wird der Schnellspanner gelöst und die Sattelstütze so weit wie nötig herausgezogen. Dabei darf die Stütze nicht über die Maximalmarkierung hinaus aus dem Sattelrohr gezogen werden.

Viele Pedelecs mit starrem Hinterbau (Hardtail) sind werkseitig bereits mit Federsattelstützen ausgerüstet.

Sollte das Pedelec trotz starrem Hinterbau nur über eine Standardsattelstütze verfügen, kann eine Nachrüstung den Fahrkomfort deutlich erhöhen. Das ist insbesondere bei Hinterradnabenmotoren empfehlenswert. Da diese die ungefederten Massen im Hinterbau erhöhen, führt das im Vergleich zu einem herkömmlichen Fahrrad zu einem eingeschränkten Fahrkomfort.

Vor dem Kauf einer neuen Sattelstütze sind an der alten die Rohrmaße abzunehmen:

- Durchmesser Sattelaufnahme
- Durchmesser Sattelrohrseite
- Länge der Sattelstütze

TIPP!

Eine Hinterbaufederung nachzurüsten ist aus Kostengründen nicht empfehlenswert.

Abb. 3.96 – Aufrecht sitzend soll die Ferse des ausgestreckten Beins auf die in der unteren Position stehende Pedale reichen ...

Dazu wird die Sattelstütze samt Sattel aus dem Sitzrohr entfernt. Dann ist der Sattel zu demontieren. Übliche Sattelstützendurchmesser sind 25 mm und 27,5 mm.
Die neue Sattelstütze sollte auf keinen Fall kürzer sein als die bisherige. Soll eine längere Sattelstütze verbaut werden, um die Sitzposition zu erhöhen, muss die minimale Einstecktiefe der neuen Sattelstütze gewährleistet sein. Sonst wird die Konstruktion unsicher.
Kriterien beim Kauf der neuen Sattelstütze:

- Abmessungen entsprechend des Sitzrohrs
- Art der Sattelbefestigung
- Art des Federungssystems
- Wartungsaufwand
- Leichte Verstellbarkeit auch unterwegs, um den Sitzkomfort an die Straßenverhältnisse anzupassen
- Empfindliche Lackierungen vermeiden, weil sie zu schnell zerkratzen

Abb. 3.97 – ... oder die Fußspitze sollte den Boden berühren.

Abb. 3.98 – Eine solche Skala erleichtert die Einstellung der Sattelstütze. Meist ist der Punkt, an dem man das Sattelrohr nicht weiter herausziehen sollte, durch eine auffällige Linie gekennzeichnet.

Die Entfernung zwischen Sattel und Lenker wird durch Verschieben des Sattels nach vorn oder hinten eingestellt.

TIPP!

Ermitteln Sie die nutzbare Sitzrohrtiefe mit einem Zollstock.

TIPP!

Wer besonders viel und in unterschiedlichem Terrain unterwegs ist, wählt eine während der Fahrt verstellbare Sattelstütze.

Abb. 3.99 – Eine Skaleneinteilung erleichtert auch die horizontale Positionierung des Sattels.

Die Sattelspitze sollte sich einige Zentimeter hinter der Tretlagermitte befinden. Der Sattel sollte zudem möglichst waagerecht oder leicht nach hinten geneigt stehen.

3.9.3 Sattelwahl

Cityrahmen und Cruiservarianten wurden von Haus aus für eine aufrechte, entspannte Sitzhaltung konstruiert. Sattelform und Lenkeraufbau sind dementsprechend gewählt. Bei Touring-Pedelecs und sportlicheren Ausführungen wird, ähnlich wie bei den Pendants ohne elektrischen Zusatzantrieb, eine leichte Vorwärtsneigung am ehesten der Fahrzeuggeometrie gerecht. Sportlich ambitionierte Fahrerinnen und Fahrer von E-kraftunterstützten Trekking-Rädern oder Rennmaschinen werden sogar die stark auf den Lenker gebeugte Einstellung bevorzugen.

Lenkervorbau und Sattel bilden bei Trekking-Rädern in etwa eine Linie, um die typische sportliche Sitzposition zu erreichen. Bei City-Pedelecs und Cruiser-ähnlichen Ausführungen kann der Lenkervorbau durchaus deutlich höher eingestellt werden. So sitzt man aufrechter und kann locker und entspannt

Abb. 3.100 – Bei diesem Trekking-Pedelec kommt nur eine sportliche Sitzposition infrage.

fahren. Diese Fahrzeuge haben meist serienmäßig bereits eine etwas breitere Sitzfläche. Allerdings werden Pedelecs nicht immer mit wirklich optimalen Sätteln ausgeliefert.

Persönliches Wohlbefinden ist das Hauptkriterium bei der Wahl und der Einstellung des Sattels.

TIPP!

Je weiter nach vorn geneigt der Fahrer unterwegs ist, umso schmaler wird der Sattel gewählt.

Wer sichergehen will, den für ihn besten Sattel zu benutzen, lässt seine Sitzknochen vermessen. Nur so kann man genau den Sattel auswählen, der der persönlichen Anatomie am ehesten entspricht. Es gibt vielfältige Sattelformen mit Aussparungen im vorderen oder hinteren Bereich, oder solche, die persönliche „Problemzonen" berücksichtigen.

Neuerdings finden sich rückengerechte Sättel am Markt, die von der Arbeitsgemeinschaft *Gesunder Rücken* zertifiziert worden sind. Sie verfügen über spezielle zusätzliche Dämp-

Abb. 3.101 – Je nach Gewicht des Fahrers werden die schwarzen, die grauen oder die weißen Dämpfungselemente im Sattel platziert, um ein rückengerechtes Federungs- und Drehverhalten des Sattels zu erreichen.

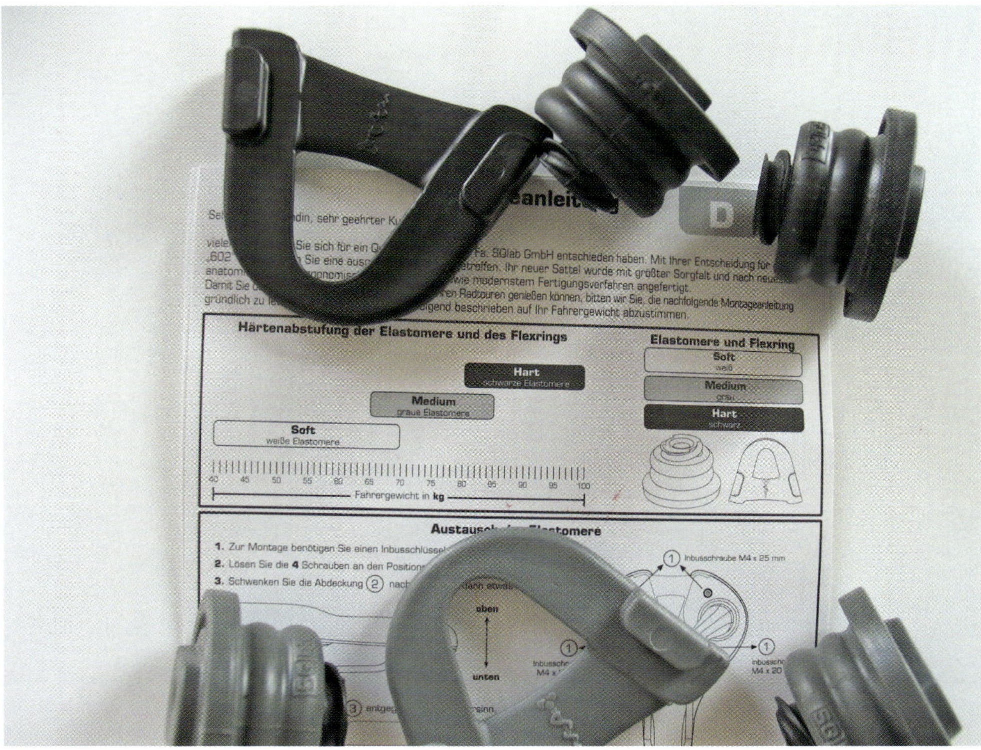

Abb. 3.102 – Der Umbau dauert nur wenige Minuten und ist in der Anleitung genau beschrieben.

TIPP!

Langstreckenfahrer sollten sich passende Radbekleidung mit integriertem Sitzpolster leisten. Probefahrten mit dem neuen Wunschsattel müssen dann mit dem Polster absolviert werden, um ein echtes Gefühl für den Sitz zu bekommen.

fungselemente, die eine gesundheitsfördernde leichte Drehbewegung der Wirbel unterstützen und gewichtsabhängig in den Sattel montiert werden.

Gelpolsterung oder Leder ist beim Sattel letztlich eine Sache der persönlichen Vorlieben. Erfahrungsgemäß ist aber „zu weich" auf Dauer die schlechtere Lösung.

3.9.4 Vorbaueinstellung

Neben dem Sattel sind Höhe und Neigung des Vorbaus für die Sitzposition bestimmend. Um die Vorbauhöhe zu korrigieren, wird die konische Verklemmung gelöst, die den Sattel im Gabelschaft hält. Die Sechskantschraube ist bei manchen Modellen durch eine Gummikappe vor Feuchtigkeit geschützt. Entfernen Sie diese und lösen Sie die Schraube um etwa eineinhalb Umdrehungen. Sollte der Konus sehr fest sitzen, helfen Sie mit einem leichten

Abb. 3.103 – Gummiabdeckkappe entfernen

Hammerschlag nach. Verwenden Sie einen Gummihammer, um Beschädigungen zu vermeiden.

Der Vorbau darf maximal bis zur eingravierten Höhe herausgezogen werden.

Sollte der serienmäßige Vorbau nicht die gewünschte Sitzposition ergeben, kann man ihn austauschen. Dazu müssen zuvor Schritt für Schritt alle Armaturen vom Lenkerrohr entfernt werden.

Im Fachhandel gibt es Vorbauten in verschiedensten Längen und mit unterschiedlichen

TIPP!

Lösen Sie die Schraube nicht zu sehr, weil dann die Klemmung in den Gabelschaft fällt und manchmal nur mit Mühe wieder herauszubekommen ist.

Abb. 3.104 – Schraube mit einem Sechskantschlüssel lösen

Abb. 3.105 – Mit einem Gummihammer lässt sich ein fest sitzender Konus lösen.

Abb. 3.106 –
Hier ist eine Höhenverstellung nicht möglich.

Abb. 3.107 –
Solche Ahead-Klemmungen versprechen einen festen Sitz ...

Abb. 3.108 – ... und sind wie im Fall dieses Pedelecs manchmal sogar mit einer Höhenverstellung kombiniert. In diesem Fall ist das Vorbaurohr mit einer Schnellspannung in der Gabel befestigt. Die maximale Auszugslänge darf selbstredend auch hier nicht überschritten werden.

Verstellmöglichkeiten. Besonders flexibel sind in der Neigung stark verstellbare Vorbauten.
Ein starrer Ahead-Vorbau sollte nur gewählt werden, wenn man tatsächlich permanent eine sportliche und weit nach vorn geneigte Sitzposition einnehmen will.
Einmal demontiert sollte auch das Lenkerrohr auf seine Tauglichkeit für die eigenen Zwecke überprüft werden. Eine veränderte Lenkerkröpfung verbunden mit ergonomischen Handgriffen und Lenkerhörnchen kann zu einer deutlich verbesserten Handhaltung führen.
Viele Pedelec-Fahrer klagen über Taubheitsgefühle in Händen oder einzelnen Fingern. Das hängt in den meisten Fällen unmittelbar mit der Stellung des Handgelenks zusammen. Die entsprechenden Nervenbahnen und Adern werden durch die Handhaltung „abgeklemmt“.
Griffhörnchen (Barends) und Ballenauflagen bei Handgriffen werden im Winkel grundsätzlich so eingestellt, dass die Hände aufliegen, ohne im Gelenk abzuknicken.
Verschafft das Verstellen der vorhandenen Komponenten keine Linderung oder Abhilfe, sollte ein Austausch vorgenommen werden.
Auch die Form und das Material der Handgriffe selbst haben einen wesentlichen Einfluss auf das Griffgefühl. Weich oder hart, mit aus-

Abb. 3.109 – Bis die Winkeleinstellungen von Handballenauflage und Bremshebel so stehen, dass die Hand ermüdungsfrei auch längere Strecken übersteht, bedarf es eines geduldigen Fein-Tunings.

Abb. 3.110 – Pedelec-Griffe und Lenkerhörnchen sollte man im örtlichen Fachhandel kaufen, wenn man verschiedene Formen und Materialien ausprobieren will. Erfahrungsgemäß bringt erst der Vergleich die Erkenntnis, was für die eigene Handstellung ergonomisch am besten passt und welche Materialien haptisch am besten gefallen.

geprägter Stützfläche und Ballenauflage, oder doch besser klassisch rund – das muss teils auch ausprobiert werden. Viele Pedelec- und Fahrradfachhändler ermöglichen es, solche Komponenten testweise zu nutzen oder halten in ihren Geschäften Musterinstallationen vor, an denen man Griffproben machen kann.
Wer solche Komponenten im Hochpreissegment im Internet kauft, ist gut beraten, sich nach probeweisem Gebrauch ein Umtauschrecht einräumen lassen.
Erst wenn Vorbauhöhe, Neigung, Kröpfung des Lenkerrohres, Griff- und Hörnchenpositionierung, Schalt- und Bremshebelneigung und Griffweite sowie die Position des Displays, der Klingel und der eventuell vorhandenen Federgabelfernbedienung perfekt auf die Ergonomie des Fahrers eingestellt sind, kann man mit seinem Pedelec tatsächlich mühelos größere Strecken zurücklegen.

3.10 Winterbetrieb oder winterfest machen

3.10.1 Winterbetrieb

Die derzeitige Batterietechnik macht das Pedelec nicht gerade zu einem perfekt für den Winterbetrieb geeigneten Fahrzeug – zumindest nicht im Unterstützungsmodus. Die Akkus verlieren bereits bei Temperaturen unter 10° C deutlich an Kapazität. Frost kann sie sogar zerstören.

TIPP!

Die optimalen Umgebungstemperaturen für einen Pedelec-Akku im Fahrbetrieb liegen zwischen 5 °C und 30 °C, direkte Sonnenbestrahlung ist zu vermeiden.

Wer trotzdem auch im Winter nicht auf sein Pedelec verzichten möchte, muss ein paar Regeln beachten:

- Akku nur während des tatsächlichen Betriebs im Pedelec lassen (wird er benutzt, erwärmt er sich auch)
- Akku am Ziel und möglichst auch bei Zwischenstationen entnehmen und bei Zimmertemperatur zwischenlagern
- Reichweitenreduzierung durch Kapazitätsverlust einkalkulieren
- Akku niemals im kalten Zustand nachladen
- Akku nach Gebrauch und nach Erreichen von Zimmertemperatur täglich nachladen

Erfahrene Winterradler behelfen sich mit selbst gebauten Akkuschutzhüllen aus Neopren oder anderen isolierenden Materialien, um ein schnelles Auskühlen des Energiespenders zu verhindern.
Auch Versuche mit Heizfolienummantelungen soll es gegeben haben. Hiervor ist aber nachdrücklich zu warnen. Eine auch nur partielle Überhitzung des Akkus birgt die Gefahr der Explosion und die behelfsmäßige Installation der elektrischen Anschlüsse kann zu einem Kurzschluss führen.
Wer sich für den Winterbetrieb entscheidet, sollte sein Pedelec unbedingt auf Winterbereifung umrüsten. Solche Bereifung ist nicht nur mit den entsprechenden Profilen ausgestattet. Auch die Gummimischung ist auf die niedrigen Temperaturen abgestimmt und garantiert bei matsch- und schneefreien Straßen eine deutlich bessere Haftung als herkömmliche Bereifung.
Winterbereifung gibt es mittlerweile sogar mit Spikes. Diese sind allerdings nur für den Geländeeinsatz empfehlenswert. In unseren Breiten sind zu viele schneefreie Perioden ein-

zukalkulieren und in den meisten Gegenden sorgen die örtlichen Schneeräumdienste für freie Radwege – selbst bei heftigstem Wintereinbruch.

3.10.2 Winterfest machen

Alternativ zur Winternutzung kann man das Pedelec winterfest machen. Ehe es drei, vier Monate unbenutzt in Keller oder Garage parkt, sollte es einer gründlichen Reinigung und Pflege unterzogen werden (siehe vorhergehende Kapitel).

In jedem Fall muss der Akku aus dem Pedelec entnommen werden, um Schäden an der Elektronik durch Kriechströme zu vermeiden und die Selbstentladung des Akkus nicht zu beschleunigen. Gelagert wird er am besten in einem trockenen Raum weitab von allem Brennbaren bei Temperaturen zwischen 10 °C und 18 °C. Er sollte gegen zufällige Stöße oder Stürze gesichert werden und keinesfalls als Ablage für andere Gegenstände dienen.

Hat der Pedelec-Hersteller oder der Lieferant des Akkus in der Bedienungsanleitung nichts

Abb. 3.111 – Zwei solche Ständer könnten als „Wintergarage" dienen.

anderes festgelegt, sollte der Akku mindestens einmal monatlich nachgeladen werden.

Gelegentlich ist zu lesen, dass Lithium-Akkus am besten bei einer Füllkapazität von 40–60 % gelagert werden sollten. In diesem Zustand ist der Alterungsprozess am geringsten. Dem ist wohl so, es macht aber einige Mühe. Ist der Akku mit einer eigenen Füllstandsanzeige ausgestattet, lässt es sich noch am ehesten bewerkstelligen.

Eine regelmäßige komplette Ent- und Neuladung ist bei Lithium-Ionen-Akkus in den Wintermonaten unnötig.

Bei Akkus anderer Bauart sind die Ladegeräte gelegentlich schon so konfiguriert, dass sie den Akku vor der Aufladung komplett entladen.

Wenn möglich, sollten Sie das Pedelec in einem Ständer fixieren und die Bereifung entlasten.

Bei Pedelecs mit Doppelständern genügt eine Abstützung unter einer der Kettenstreben, um die Bereifung zu schonen. Wer keine andere Möglichkeit hat, sollte das Pedelec gelegentlich hin und her bewegen und regelmäßig Luft nachfüllen.

4 Technische Grundlagen und Leistungsfähigkeit des Pedelecs

4.1 Vortrieb und Kraftentfaltung

Jeder, der Auto fährt, weiß um die Wirkung eines Getriebes. Mal angenommen, der Pkw-Motor läuft mit 2.000 Umdrehungen. Im ersten Gang wird das Kraftfahrzeug keine besonders hohe Geschwindigkeit entwickeln. Aber es wird selbst erhebliche Steigungen ohne Schwierigkeiten erklimmen. Zu danken

Abb. 4.1 – Bei diesem Pedelec wirkt die Kettenschaltung wie bei einem ganz normalen Fahrrad. Vorn lassen sich drei verschiedene Kettenblätter auswählen.

ist das dem hohen Drehmoment, das durch die Getriebeuntersetzung an die Antriebsachse übertragen wird.
Im sechsten Gang wird das Auto bei der gleichen Motorendrehzahl auf der Autobahn flott unterwegs sein. Dafür fehlt es aber an Kraft. Schon bei kleineren Steigungen oder bei starkem Gegenwind muss zurückgeschaltet werden.
Bei einem Fahrrad ohne Elektroantrieb wirkt die Ketten- oder Nabenschaltung analog zu den beim Auto beschriebenen Prozessen. Bewirkt wird das durch die Übersetzungsverhältnisse. Je kleiner der vordere Zahnkranz gewählt wird und je größer das hintere Ritzel ist, desto leichter fällt es dem Radler, einen Berg zu erklimmen. Statt Kraft muss er aber an den Pedalen dafür Drehzahl erzeugen. Umgedreht erfordert ein großer Zahnkranz vorn und ein kleines Ritzel hinten ein großes Drehmoment an der Tretkurbel, verleiht dem Rad aber eine hohe Geschwindigkeit.
Ist das Pedelec mit einer Nabenschaltung ausgerüstet, bleibt die vordere Zahnkranzgröße

Abb. 4.2 – Hinten stehen acht Ritzel zur Verfügung. Das Drehmoment des Hinterradnabenmotors bleibt von den Schaltstellungen direkt unbeeinflusst.

stets unverändert. Stattdessen werden durch die Stellung des Schalthebels in einem gekapselten Planetengetriebe die unterschiedlichen Übersetzungsverhältnisse gewählt.

Fahrradgetriebe (Kettenblätter, Kette, verschieden große Ritzel oder Schaltnabe) gehören zu den sogenannten *Drehmomentwandlern.* Je nach Schaltstellung wird also das durch Treten erzeugte Drehmoment auf die Hinterradnabe über- oder untersetzt und von dort in starrer Verbindung über die Speichen als Vortriebskraft auf den Radumfang übertragen.

Ist das Pedelec mit einem Mittelmotor ausgestattet, wird die Unterstützungsleistung direkt oder indirekt auf die Tretlagerwelle und die Kette übertragen. Damit bleiben die eben beschriebenen mechanisch-technischen und die fahrphysikalischen Vorgänge im Grundsatz unverändert. Die Antriebskräfte des Motors werden wie die des Fahrers durch die Fahrschaltung gewandelt. Die Möglichkeiten der elektronischen Motorregelung bestehen in diesem Fall zusätzlich.

Abb. 4.3 – Anders ist es bei einem Pedelec mit Vorder- oder Hinterradnabenantrieb. Hier kann das durch den Motor auf das jeweilige Rad übertragene Drehmoment nicht durch die Fahrradschaltung, sondern lediglich durch die elektronische Steuerung beeinflusst werden.

4.2 Sensoren und Controller – Leistungsfähigkeit und Antriebsverhalten

Die motorische Unterstützung ist bei Pedelecs begrenzt. Der Motor darf maximal 250 W leisten und die elektrische Hilfe muss bei einer Geschwindigkeit von 25 km/h enden. Das fordert der Gesetzgeber, andernfalls gilt das Fahrzeug als E-Bike, mit der Konsequenz, dass es ein Versicherungskennzeichen benötigt, der Benutzer einen Helm tragen muss und die Fahrradwege tabu sind. Die Diskussion darüber entfacht immer wieder aufs Neue.

Zudem darf der Motor nur unterstützen, und nicht als alleinige Antriebsquelle wirken. Wird nicht in die Pedale getreten, darf also auch kein elektrischer Vortrieb vorhanden sein.

Lediglich die bei einigen Pedelecs installierte Schiebehilfe darf ohne Tretbewegung funktionieren. Bei Betätigung einer Taste oder eines Hebels direkt am Lenker oder am Display unterstützt der Pedelec-Antrieb dann das Schieben des Fahrzeugs beispielsweise einen Berg hinauf, wenn es doch einmal zu steil zum Fahren ist. Dabei dürfen maximal 6 km/h erreicht werden.

Diese gesetzlichen Vorgaben müssen zwingend eingehalten werden. Zuständig dafür ist die Motorsteuerung.

Die Motorsteuerung ist aber auch dafür da, das Pedelec benutzerfreundlich und einsatzoptimiert zu bewegen. So wäre es wenig hilfreich, wenn die motorische Unterstützung bei der geringsten Pedalbewegung abrupt in voller zulässiger Stärke einsetzen würde.

Der empfundene Fahrkomfort hängt wesentlich davon ab, wann und wie stark der Motor in den Vortrieb eingreift.

Rein theoretisch sind vier vereinfachte Dosierungskriterien denkbar:

- Je schneller der Radler tritt, umso mehr unterstützt der Motor (positiv proportional)
- Je kräftiger der Radler tritt, umso mehr unterstützt der Motor (positiv proportional)
- Je schneller der Radler tritt, umso weniger unterstützt der Motor (negativ proportional)
- Je kräftiger der Radler tritt, umso weniger unterstützt der Motor (negativ proportional)

Um das zu realisieren, müssen dem Motor die Informationen über den aktuellen Betriebszustand des Pedelecs bekannt sein. Deshalb wird der Pedelec-Antrieb mit verschiedenen Sensoren ausgestattet. Sie messen bei aktiviertem System den Betriebszustand und melden ihn an einen Controller.

Arten von im Pedelec verwendeten Sensoren:

- Drehmomentsensor
- Bewegungssensor (Drehsensor)
- Trittfrequenzsensor
- Geschwindigkeitssensor
- Temperatursensor

Hallsensoren im Motor spielen eine besondere Rolle, weil sie anstelle von Kohlebürsten für die Kommutatorensteuerung zuständig sind.

Nach anfänglichen Experimenten der Pedelec-Hersteller hat sich die Ausrüstung mit drei Sensoren weitgehend durchgesetzt.

An der Tretlagerwelle oder am Kettenblatt registriert ein einfacher mit Magneten bestückter Sensor, ob überhaupt Pedalbewegungen stattfinden. Andernfalls schaltet der Motor ab. Andere Systeme arbeiten an dieser Stelle mit einem Trittfrequenzsensor. Dieser lässt detaillierte Rückschlüsse auf die aktuelle

Abb. 4.4 – So eindeutig voneinander getrennt findet man Akku (am Gepäckträger) und Controller (an der Sitzstrebe) selten an einem Pedelec-Rahmen.

Abb. 4.5 – Hier ist der Geber des Geschwindigkeitssensors an einer Speiche befestigt. Der Nehmer sitzt an der Kettenstrebe.

Fahrsituation zu, weil er beispielsweise bei Bergfahrten im niederen Gang die höhere Trittfrequenz registriert.
Ebenfalls an der Tretlager- oder Hinterradachse misst ein Drehmomentsensor das vom Fahrer selbst erzeugte Drehmoment.
Der Geschwindigkeitssensor sitzt, ähnlich einem Signalgeber für einen gewöhnlichen Fahrradtacho, an einem der beiden Räder und misst dessen Umdrehungszahl. Daraus errechnet er entsprechend dem Radumfang die tatsächlich gefahrene Geschwindigkeit.
Angenommen, das Pedelec ist serienmäßig mit 24"- oder 26"-Laufrädern ausgestattet, würde eine Umrüstung auf die nächst größeren Räder unzulässigerweise die Geschwindigkeitsbegrenzung des Unterstützungsmodus auf 25 km/h aufheben.
Im Zuge einer solchen Umrüstung müsste die geänderte Radgröße in die Software des Controllers aufgenommen werden.

4.2.1 Software-bedingte Möglichkeiten der Motorsteuerung

Betrachtet man den Motor als das Herz des Pedelecs, kann man den Controller als das Hirn bezeichnen. Auf ihm ist eine Software hinterlegt, die den Motor und das gesamte Verhalten des Unterstützungssystems steuert.
Im Rahmen der regelmäßigen Wartung des Controllers sind vor allem die Dichtigkeit aller Zugänge und Montagespalten sowie die korrekte Kabelführung zu prüfen.

TIPP!

Eine Konservierung mit Gummipflegemittel oder Fahrradpflegewachs kann das Eindringen von Wasser in elektronische Bauteile zusätzlich erschweren.

Controller können unterschiedliche Leistungsumfänge haben.
Übliche Controller-Funktionen bei einem Pedelec:

- Start/Stopp-Schaltung des Motors
- Unterstützungsgrad
- Nachlaufsteuerung
- Unterstützungsbegrenzung auf 25 km/h
- Drehzahlsteuerung
- Drehmomentsteuerung
- Maximalstrombegrenzung
- Umschaltung in den Rekuperationsmodus (Motorbremsfunktion und Energierückführung)
- Ladeüberwachung des Akkus
- Notabschaltung als Akkuschutz vor Tiefentladung

Der Controller gehört zu den stoß-, erschütterungs- und feuchtigkeitsempfindlichen Teilen der Elektronik. Er kann an unterschiedlichen Stellen verbaut sein. Bei manchen Pedelecs steckt die Platine in der Motorkapselung, bei anderen in der Akkuhalterung, wieder andere verbauen eigenständige Elektronikeinheiten.
Die Kennzeichnung der Controller erfolgt häufig über die Maximalstrombegrenzung. Ein 16-Ampere-Controller lässt also einen maximalen Stromfluss von 16 Ampere zum Motor zu. Je höher dieser Wert ist, um so höher ist das erreichbare Drehmoment.
In der Controllersoftware sind alle leistungsrelevanten Grundinformationen über das Pedelec gespeichert:

- Betriebsdaten des Motors
- Betriebsdaten des Akkus
- Raddurchmesser des Pedelecs

Eine tatsächlich komfortable motorische Unterstützung muss bei einem Pedelec weit mehr berücksichtigen, als nur die lineare Entwicklung des Tretverhaltens des Radlers. Aus den Messwerten der Sensoren errechnet der Controller das Maß der motorischen Unterstützung nach vorgegebenen Programmen, die die Erwartungen des Pedelec-Benutzers simulieren. Dementsprechend regelt er das Betriebsverhalten des Antriebsmotors.

So erwartet eine ältere Person auf einer sonntäglichen Ausflugstour ein sanftes Einsetzen der Motorkraft und eine möglichst kontinuierliche, aber nicht zu vehemente Unterstützung während der gesamten Fahrt.

Wer als Pendler mit dem Pedelec täglich über Land oder durch den dichten Stadtverkehr ins Büro fährt, wünscht sich einen kräftigen Start an jeder Ampel und möglichst lange Phasen mit der zulässigen Höchstgeschwindigkeit bei minimalen eigenen Anstrengungen.

Der Tourenfahrer hat mal mit langen Steigungen oder schlecht ausgebauten, holprigen Wegen zu kämpfen, dann geht es wieder über Asphalt oder ausgebaute Radwege. Dabei will er gern entspannt vorankommen, Landschaft und Umgebung genießen und ohne Sprinterehrgeiz sein anspruchsvolles Tagespensum bewältigen.

Ganz anders der Sportler. Mit Renn-Pedelec oder MTB sucht er den Kick. Wenn die eigene Kraft schon ausgeschöpft ist, soll der Motor noch mal einen Zahn zulegen.

Hinsichtlich dieser Differenzierungen in der Pedelec-Software steht die Fahrradindustrie noch ganz am Anfang. Mit Sicherheit werden in den nächsten Jahren spannende Entwicklungen auf die Fahrer zukommen.

Die meisten Pedelecs bieten heute ihren Nutzern die Vorwahl von drei (selten vier) Unterstützungsstufen. Im einfachsten Fall wird dazu am Bedienungsdisplay 1, 2 oder 3 gewählt und der Motor gibt beispielsweise 50 %, 75 % oder 100 % seiner Leistungsfähigkeit dazu.

Komplexere Systeme bemessen die Unterstützungsstufen nach der vom Radler selbst erbrachten Trittleistung. So kann die Grundstufe so bemessen sein, dass der Motor 100 % der Pedalierleistung beisteuert und in der Höchststellung liefert der Motor 500 %.

Wenn ein Senior also selbst mit 5 Nm in die Pedale tritt, könnte er dann vom Pedelec-Antrieb mit weiteren 25 Nm unterstützt werden. Das entspricht in etwa dem, was ein Pedelec-Motor tatsächlich maximal beisteuern kann. Damit käme man (je nach Stellung der mechanischen Schaltung) ohne Mühe mit einer Fahrgeschwindigkeit von 10–20 km/h einen steileren Berg hinauf.

Mittlerweile finden sich am Markt Systeme, die neben dem einfachen Grad der Unterstützung tatsächlich die Auswahl verschiedener Fahrmodi zulassen, die entsprechend der oben beschriebenen Vorstellungen einzelner Radler programmiert wurden:

Unterstützungsgrad	Eco-Modus	Tour-Modus	Sport-Modus	Speed-Modus
1	30 %	60 %	75 %	90 %
2	60 %	95 %	110 %	160 %
3	100 %	140 %	200 %	250 %

(Die Prozentzahlen entsprechen der Motorleistung zur Unterstützung.)

Die einzelnen Fahrmodi können sich zudem dadurch unterscheiden, wie schnell die Unterstützung einsetzt. So kann die Drehmomentkurve allmählich ansteigen und wieder nachlassen, oder die gesamte Unterstützung steht abrupt zur Verfügung.
Erreicht wird das über die softwareseitige Steuerung der Drehzahl und des Drehmoments des Motors.
Grundsätzlich lässt sich jedes Pedelec mit einer solchen stark skalierten Steuerung nachrüsten. Dazu müssten allerdings Controller und Bedieneinheit ausgetauscht werden.
Voraussetzungen für den Austausch des Controllers:

- Gleiche Spannung wie das Gesamtsystem
- Gleiche Anschlüsse (Stiftzahl, -form und -polung) wie die bisherige Verkabelung
- Maximalstrombegrenzung entsprechend der Nennleistung des Motors
- Sensorkompatibilität
- Akkukompatibilität
- Motorkompatibilität (Vorstufensteuerung, Leistungsstufensteuerung, Betrieb mit oder ohne Hallsensor)

Möglicherweise lässt sich eine neue Software auf den vorhandenen Controller aufspielen.

WARNUNG!

Nur wenige Motoren arbeiten mit Controllern einer höheren Leistungsstufe, ohne Schaden zu nehmen. Dadurch lässt sich zwar das Drehmoment des Antriebs erhöhen, ohne die für die Einstufung als Pedelec relevante maximale Unterstützungsgeschwindigkeit von 25 km/h ebenfalls anzuheben, der Motor würde aber überlastet und schlimmstenfalls durchbrennen.

Manche Geräte verfügen über USB- oder andere Schnittstellen, die einen Zugang zur Software ermöglichen.
Zurzeit gibt es allerdings kaum Möglichkeiten, die Software an einem im Verkehr befindlichen Pedelec kunden- oder händlerseitig zu beeinflussen. Es handelt sich also weitgehend um geschlossene Systeme, die untereinander über keinerlei Kompatibilität verfügen.

WARNUNG!

Mit dem Öffnen oder Ersetzen des Controllers gehen Garantieansprüche verloren. Schäden am System und schlimmstenfalls Explosions- oder Brandgefahr sind bei unsachgemäßem Vorgehen nicht auszuschließen.

4.3 Erhöhung des Drehmoments durch mechanische Änderungen

Bei Nabenmotoren gibt es keine zugängliche Übersetzung zwischen Motor und Rad. Sie laufen als Direktläufer oder mit integriertem Planetengetriebe im Vorder- oder Hinterrad. Bei Direktläufern bildet die Nabe den Rotor. Der Stator ist als Achse fest in der Gabel verbaut.
Um hier Drehmoment und erreichbare Geschwindigkeit zu verändern, müsste man den Motor neu einspeichen.
Ein geringerer Felgenumfang würde zu einem erhöhten Drehmoment bei abnehmender maximal erreichbarer Geschwindigkeit führen. Das Pedelec würde beispielsweise für Fahrten bergauf an Kraft gewinnen.

Ein erhöhter Felgenumfang würde unerlaubterweise die erreichbare Höchstgeschwindigkeit heraufsetzen, aber die Steigkraft verringern. Das könnte zu einer Überhitzung des Motors führen.

Mittelmotoren können grundsätzlich auf zwei Arten auf die Tretlagerwelle zugreifen und ihre Kraft dann über Kettenrad und Kette an das Hinterrad des Pedelecs übertragen:

- Der Rotor greift über ein internes Getriebe auf die Tretlagerwelle zu.
- Der Rotor greift über einen externen Abtrieb auf die Tretlagerwelle zu (beispielsweise über einen zusätzlichen Kettentrieb).

In jedem Fall ist es grundsätzlich möglich, durch veränderte Kettenblattgrößen das übertragene Drehmoment oder die Drehgeschwindigkeit zu verändern.

Abb. 4.6 – Ein Austausch von Kettenblättern und Ritzelpaket kann das Fahrverhalten des Pedelecs deutlich verändern. Manchmal muss das Ritzelpaket aber gewechselt werden, weil es zu lange mit einer verschlissenen Kette gefahren oder die Kettenlinie beim Schalten vernachlässigt wurde.

Bei einer klassischen Kettenschaltung erfolgt das serienmäßig durch die Wahl der vorderen Kettenblätter und der hinteren Kettenritzel. Kettenblätter gibt es standardmäßig mit 20–58 Zähnen. Zahnkränze werden mit 11–36 Zähnen angeboten. Üblich sind Zahnkranzpakete in Standardabstufungen.

Grundsätzlich gilt:

- Je größer das Kettenblatt vorn und je kleiner der Zahnkranz hinten ist, umso höher ist die erreichbare Geschwindigkeit und umso geringer die Steigfähigkeit.
- Je kleiner das Kettenblatt vorn und je größer der Zahnkranz hinten ist, umso geringer ist die erreichbare Geschwindigkeit und umso größer die Steigfähigkeit. Interessant

Abb. 4.7 – Die Getriebenabe dieses Pedelecs wandelt nicht nur die Tretkräfte, sondern auch die Zusatzleistung des Motors. Würde man hier die Zahnkranzgrößen ändern, könnte man Drehmoment und Geschwindigkeit den eigenen Vorstellungen anpassen.

wäre das bei häufigen Bergfahrten mit starkem Anstieg, oder wenn das Pedelec als Zugfahrzeug für einen schweren Fahrradanhänger eingesetzt werden soll. Auch hier kann es allerdings Probleme mit der bauartbedingten Zulassung geben, wenn Rahmen und andere Bauteile nicht für eine solche Belastung ausgelegt sind.

Geschwindigkeit und Steigfähigkeit hängen in der Praxis natürlich nicht nur von der Übersetzung des Kettentriebs ab. Vor allem das vom Fahrer beigesteuerte Drehmoment oder die Trittfrequenz entscheiden über die erreichbaren Werte. Tretkurbeln sind üblicherweise in 170–190 mm Länge verbaut. Das entspricht der Ergonomie der meisten Radbenutzer. Mit einer Verkürzung des Hebelarmes lässt sich die Trittfrequenz erhöhen, mit einer Verlängerung das erzeugbare Drehmoment.

Solche Tretkurbeln gibt es mit Fünf-Arm- und Vier-Arm-Befestigungen. Es passen also nicht alle Kurbeln an alle Zahnkränze.

Auch einige Pedelecs mit Schaltnaben würden sich auf diese Weise verändern lassen. Wenn vorn Spezialzahnkränze verbaut sind, die man nicht austauschen kann, kann doch das hintere Ritzel gegen Varianten mit zwei Zähnen mehr oder weniger ausgetauscht werden.

Zwei Zähne mehr würden für die Senioren bedeuten, dass sie die 25 km/h höchstwahrscheinlich nie mehr erreichen würden. Andererseits würde die Unterstützung im unteren Bereich deutlich kräftiger ausfallen.

TIPP!

Bei einer Veränderung der Kettenblattgrößen und der Ritzelabmessungen muss die Kettenlänge angepasst werden.

4.4 Reichweite des Akkus

Die Reichweite eines Pedelecs spielt in der Werbung der Hersteller eine große Rolle – aber auch in der Diskussion unter Pedelec-Besitzern. Wer einmal seinen Akku weit entfernt von zu Hause leer gefahren hat, weiß, dass es keine theoretische Debatte ist. Vor allem bei schwereren Fahrzeugen und unwegsamen Strecken kann der Rückweg zu einer körperlichen Tortur werden.

Leider sieht es mit den Möglichkeiten, das Pedelec unterwegs zu laden, noch nicht sonderlich gut aus. Ladestationen, die für jedes Pedelec gleichermaßen Strom liefern, sind Zukunftsmusik. Das liegt nicht zuletzt daran, dass fast jeder Hersteller seine Ladegeräte und Batterieanschlüsse anders verkabelt.

Es gibt Tourismusregionen, in denen damit geworben wird, dass man Akkus laden oder (besser noch) tauschen kann. Meist wird dieser Service aber nur für bestimmte Marken oder sogar nur für die vor Ort angemieteten Pedelecs geboten.

So bleibt vorerst also nur die Möglichkeit, das eigene Ladegerät mitzuführen oder sich einen Ersatzakku zuzulegen.

Derzeit finden sich bei Pedelecs die folgenden Akkuarten im Einsatz:

- Blei (Pb)
- Nickel-Cadmium (NiCd)
- Nickel-Metall-Hydrid (NiMH)
- Lithium-Ionen (Li-Ion)
- Lithium-Polymer (Li-Po)

Li-Ion-Akkus sind in der Überzahl.

Sie verfügen über einige wesentliche Vorteile:

- Energiedichte von 120–210 Wh/kg Akku-Gewicht

- Wirkungsgrad 90 %
- Unterschiedlichste Bauformen möglich
- Geschlossene Batterie, bei der kein Elektrolyt nachgefüllt werden muss
- Teils schnellladefähig
- Kein Memoryeffekt

Die mit einem Akku erzielbare Reichweite hängt von seinem Energiegehalt ab. Dieser lässt sich, sofern er nicht direkt angegeben wird, errechnen: Energiegehalt (in Wattstunden; Wh) = Akkuspannung (in Volt; V) x Akkukapazität (in Amperestunden; Ah).
Die Tabelle 1 zeigt beispielhaft Akkus in verschiedenen Kapazitäten und damit verbundene, theoretisch erreichbare Reichweiten bei 36 V Antriebsspannung des Pedelecs:
Die tatsächliche Ausdauer des Akkus hängt von vielen weiteren, teils sehr variablen Faktoren ab:

- Fahrzeuggewicht
- Fahrergewicht
- Gepäckgewicht
- Topografisches Streckenprofil
- Gewählter Grad der Unterstützung
- Fahrverhalten
- Ladezustand des Akkus
- Alter des Akkus
- Pflegezustand des Pedelecs

Um die Leistungsfähigkeit des eigenen Akkus richtig einzuschätzen, empfiehlt sich ein kleines Bordbuch, in dem die wichtigsten Fakten festgehalten werden. Mithilfe der folgenden Tabelle lässt sich die Reichweite des Akkus ermitteln. Dabei sollten mehrere Testläufe durchgeführt werden, um einen repräsentativen Durchschnitt zu bekommen.
Als Anhaltspunkt sollte die Ladeanzeige im Display benutzt werden, weil man diese während der Fahrt stets vor Augen hat. Ist eine solche nicht vorhanden, muss man die Anzeige des Akkus selbst benutzen, was aber sehr beschwerlich ist. Festgehalten wird der Zeitpunkt, an dem die jeweilige Anzeigestufe erlischt.
Verfügt die eigene Anzeige über eine drei- oder vierstufige Skalierung, benötigt die Tabelle entsprechend weniger Spalten.
Wer es noch genauer wissen möchte, erfasst die Schwierigkeiten einzeln nach Gepäckmenge, Streckenprofil und Windsituation.
Eine komplette Testfahrt könnte aussehen wie in Tabelle 2.
Wer keinen integrierten oder separaten Fahrradcomputer besitzt, kann zur Ermittlung der Fahrzeiten eine einfache Sportuhr benutzen.

TIPP!

Die Verkehrssicherheit hat immer Vorrang. Die Aufmerksamkeit gilt dem Verkehr. Dadurch macht es etwas Mühe, den tatsächlichen Moment des Erlöschens einer Anzeigestufe exakt zu registrieren und festzuhalten.

Fahrzeit und Reichweite pro Anzeigestufe unterscheiden sich in unserem Beispiel prozentual stark voreinander. Das hat seine Ursache nicht nur in den unterschiedlichen Rahmenbedingungen, sondern vermutlich auch in schwankenden Kapazitätsmengen zwischen den einzelnen Anzeigenstufen.
Um das festzustellen, sollten immer wieder kürzere Fahrten dokumentiert und zum Vergleich herangezogen werden.
Mittlerweile tauchen erste Displays am Markt auf, die über eine integrierte intelligente Reichweitenberechnung verfügen. Sie zeigen also nicht mehr einfach nur den Ladezustand des Akkus, sondern die noch verfügbare Reichweite an. Berechnet wird diese, indem das aktuelle

Akkukapazität	Energiegehalt	Akkugewicht	Energiedichte je kg Akkugewicht	Theoretische Reichweite
18 Ah	648 Wh	3,1 kg	209 Wh	140 km
12 Ah	432 Wh	2,6 kg	166 Wh	90 km
8 Ah	288 Wh	1,9 kg	152 Wh	60 km

Tabelle 1

01.10.2011	1. Stufe	2. Stufe	3. Stufe	4. Stufe	Akku leer	gesamt
Startzeit	10:00 Uhr	12:00 Uhr	13:00 Uhr	14:30 Uhr	16:30 Uhr	
Zeit des Erlöschens	11:40 Uhr	12:30 Uhr	14.30 Uhr	15:30 Uhr	17:00 Uhr	
Fahrzeit	100′	30′	90′	60′	30′	310′ (5 h 10′)
% der Gesamtfahrzeit	32,2 %	9,7 %	29 %	19,3 %	9,7 %	100 %
km-Stand Start	2.340	2.366	2.376	3.409	3.424	
km-Stand bei Erlöschen	2.366	2.376	3.409	3.424	3.430	
Fahrstrecke	26 km	10 km	33 km	15 km	6 km	90 km
% der Gesamtstrecke	28,9 %	11,1 %	36,7 %	16,7 %	6,7 %	100 %
Schwierigkeitsgrad	Gegenwind	Steigung	Talfahrt	Ebene	Steigung stark	

Tabelle 2

Fahrverhalten zugrunde gelegt wird. Diese Displays tun also letztlich nichts anderes, als wir mit unseren oben entwickelten Tabellen.

4.4.1 Ladeverhalten des eigenen Akkus ermitteln

Wichtig für die Ermittlung der tatsächlichen Reichweite unter den verschiedensten Einsatzbedingungen ist zudem das Ladeverhalten des Akkus.

In der Praxis wird der Akku in den seltensten Fällen tatsächlich leer gefahren. Deshalb kann es hilfreich sein, zusätzlich zu der obigen Tabelle die Akkudaten festzuhalten (siehe unten). In dieser Tabelle lassen sich Zwischenladungen unterwegs und Komplettladungen dokumentieren.

Das Ladegerät für unterwegs ist ein zusätzlicher Gewichtsfaktor. Ehe man die Entscheidung für das eigene Ladegerät als „Tankstelle

	01.10.2011	(Datum)	(Datum)	(Datum)	(Datum)
Ladezustand zu Beginn der Fahrt (Zwischenstart)	100 %				
Fahrtdauer	310′				
Fahrtstrecke	90 km				
Ladezustand bei Fahrtende (Zwischenstopp)	leer				
Ladedauer bis „voll“	240′				

TIPP!

In einer Stunde speichern viele Akkus ein Drittel oder sogar die Hälfte ihrer Kapazität. Wenn der Wirt des angefahrenen Biergartens netterweise erlaubt, während der Brotzeit den Akku aufzuladen, lohnt sich die Mitnahme des Ladegeräts. Ein kurzer Anruf zu Beginn der Fahrt schafft Klarheit darüber, ob ein Aufladen vor Ort möglich ist.

unterwegs" trifft, empfiehlt es sich, das Ladeverhalten des eigenen Akkus bei kurzen Zwischenladungen zu ermitteln.

Pedelec-Fahrer, die ein Bordbuch führen, werden bald feststellen, dass die Reichweite ihres Akkus für ihr alltägliches Fahrverhalten ausreicht. Wer mit seinem Akku hinsichtlich der Reichweite trotzdem unzufrieden ist, sollte nicht Hals über Kopf einen Ersatzspeicher höherer Kapazität kaufen. Grundsätzlich sollten nur Batterien gewählt werden, die vom Hersteller des Pedelecs für das Fahrzeug freigegeben werden. Der Zusatzakku sollte über eine möglichst hohe Energiedichte je Kilogramm Akkugewicht verfügen.

5 Die Schalteinheit (das Display) richtig nutzen

Viele Besitzer eines herkömmlichen Fahrrads haben ihre Ketten- oder Nabenschaltung noch nie benutzt. Anfangs stellt der Fahrradhändler diese auf eine mittlere Position ein, und so wird dann über Jahr und Tag bergauf und bergab gefahren. In Bezug auf die Wahlmöglichkeiten des Unterstützungsmodus bei einem Pedelec scheint der Trend in ähnliche Richtung zu gehen.

Bei der Wahl des Modus bilden sich zwei Hauptgruppen. Die eine schaltet den Antrieb einfach ein oder aus. Die Fahrer dieser Grup-

Abb. 5.1 – Drei Ladezustände, drei Unterstützungsstufen – auch einfache Bedien- und Anzeigeeinheiten können eine wertvolle Hilfe bei der Reichweitenoptimierung des Pedelecs sein.

pe bewegen das Pedelec so, wie der Hersteller die Grundkonfiguration für den Unterstützungsmodus gewählt hat. Die andere Gruppe schaltet immer auf die höchste motorische Kraftentfaltung.

Durch die Wahl des passenden Unterstützungsmodus kann man die Reichweite erhöhen und die eigene Kraftanstrengung optimieren.

5.1 Ökonomisch fahren

Grundsätzlich gilt: Der Unterstützungsgrad entsprechend der geplanten Fahrt ist so hoch wie nötig zu wählen – und nicht so hoch wie möglich.

Wer die Leistungsfähigkeit seines Pedelecs optimal nutzen will, sollte seine eigene Energiestrategie entwickeln. Hier einige Ansatzpunkte dafür:

Abb. 5.2 – Ein zusätzlicher Energieschub ist verlockend. Aber wann immer Kraft vom Motor abgefordert wird, leert sich der Akku.

- Bei einer langen Radwanderung spart man sich Energiereserven für die letzten Kilometer, wenn die Erschöpfung einsetzen sollte. Bis dahin fährt man mit geringer oder ohne Unterstützung.
- Bei Berg- und Talfahrten fährt man abschüssig und auf ebener Strecke ohne Unterstützung. Bergauf wird zugeschaltet, was man für die Bewältigung der Steigung benötigt.
- Bei schneller Zielfahrt wird die volle Leistungsfähigkeit des Akkus ausgenutzt.
- Bei sportlich anspruchsvollen Touren mit beabsichtigtem Trainingseffekt fährt man so lange wie möglich ohne Unterstützung und spart Reserven für einen erholsamen Rückweg.
- Bei einer sonntäglichen Radwanderung wählt man einen durchgängig mittleren Modus, um entspannt und erholsam Landschaft und Natur zu genießen.
- Bei einer sehr langen Tour mit vielen Unwägbarkeiten fährt man im Eco-Modus oder im geringsten Unterstützungsmodus, um möglichst lange vom „elektrischen Rückenwind“ zu profitieren.
- Den Eco-Modus wählen auch die Fahrer, die sich für das Pedelec als kostengünstige Alternative zum immer teureren Arbeitsweg per Auto oder öffentlichen Verkehrsmitteln entschieden haben.

Bei der Auswahl des richtigen Modus stehen 3 Kriterien in engem Zusammenhang:

- Reichweite (maximale Entfernung)
- Dynamik (maximale Geschwindigkeit und Beschleunigung)
- Komfort (minimale eigene Anstrengungen)

Um das eigene Fahrverhalten mit dem Pedelec einzuschätzen, können die folgenden Durchschnittsgeschwindigkeiten einen groben Anhaltspunkt bieten. Sie beziehen sich auf gewöhnliche Fahrräder, also ohne motorische Unterstützung.

Fahrer	Durchschnittsgeschwindigkeit
Gelegenheitsfahrer, wenig trainiert	≤15 km/h
Freizeitradler mit regelmäßigen Ausflugstouren	15–18 km/h
Gut trainierter Radwanderer	18–22 km/h
Sportradler	≥22 km/h

Erfahrungsberichten zufolge erzielen sportliche Pedelec-Fahrer einen Zuwachs an Durchschnittsgeschwindigkeit von 5 km/h. Das setzt voraus, dass sie wie bisher beim gewöhnlichen Fahrrad in die Pedale treten. Der Gewinn durch ein Pedelec besteht dann in erhöhter Reichweite, verkürzter Fahrzeit und mehr Dynamik.
Alternativ kann man natürlich einfach die eigenen Anstrengungen verringern. Der Gewinn durch ein Pedelec besteht dann also in entspanntem und komfortablem Fahren.
Manche Pedelecs haben als Teil ihres ökologischen und ökonomischen Konzepts Motoren, die wahlweise als Dynamo und Motorbremse eingesetzt werden können. Die Umschaltung erfolgt meist automatisch bei gut 27 km/h. Manche Displays ermöglichen das Umschalten auf den Brems- und Rekuperationsmodus von Hand.

TIPP!

Der Einsatz der Motorbremse schützt vor allem bei längeren Talfahrten die mechanischen Bremsen vor Überhitzung und Ausfall.

Hinsichtlich ökonomischen Fahrens sollte auf Energierückgewinnung geschaltet werden, sooft das vom Streckenprofil her möglich ist. Hier darf man bezüglich der Energiemenge beim derzeitigen Stand der Technik aber noch keine Wunder erwarten.

5.2 Schalteinheiten mit Zusatzfunktionen

In ihren einfachsten Ausführungen verfügen die Schalteinheiten über einen Ein- und Ausschalter sowie Wahlmöglichkeiten für den Unterstützungsmodus. Für Geschwindigkeit und Reichweite gibt es entweder einen separaten Fahrradcomputer oder es erfolgt keinerlei Anzeige.
Aufwendigere Konstruktionen sind für die verschiedensten zusätzlichen Betätigungen und Anzeigen mit einem Display ausgestattet:

- Betätigung und Ein/Aus-Anzeige
- Betätigung und Anzeige des gewählten Unterstützungsmodus
- Betätigung und Anzeige des gewählten Unterstützungsgrads
- Anzeige vom Ladezustand des Akkus
- Betätigung und Anzeige der Schiebehilfe
- Fehleranzeige (Kurzschlüsse, Batteriedefekte)
- Systemkalibrierung
- Elektronischer Diebstahlschutz (der E-Antrieb wird außer Betrieb gesetzt, mitunter auch durch Entnahme des Displays)

Schwierig wird es, wenn einzelne Funktionen durch Tastenkombinationen abgerufen werden, die nicht direkt auf dem Display vermerkt sind. Das betrifft insbesondere die Kalibrierung.

TIPP!

Der entsprechende Auszug aus der Bedienungsanleitung sollte zumindest bei der turnusmäßigen Wartung parat sein, um die Kalibrierung durchzuführen.

Zeigt das Display Fehler nicht in Klartext, sondern in Form eines Codes, sollte dieser Code-Schlüssel permanent an Bord sein. Andernfalls kann es unterwegs zu Problemen mit der Übersetzung des Codes kommen.
Bei manchen Schalteinheiten kommen die Funktionen eines Fahrradcomputers hinzu:

- Momentane Geschwindigkeit
- Höchstgeschwindigkeit der aktuellen Tour
- Durchschnittsgeschwindigkeit der aktuellen Tour
- Gefahrene Kilometer insgesamt
- Gefahrene Kilometer der aktuellen Tour
- Gefahrene Zeit
- Uhrzeit

Diese Angaben erleichtern die Führung des Bordbuchs und die realistische Einschätzung der Reichweite des Pedelecs.
Ist das Pedelec also mit diesen Zusatzfunktionen ausgestattet, ist eine Nachrüstung mit einem Fahrradcomputer empfehlenswert. Die Displays und Steuereinheiten sind nur in seltenen Fällen austauschbar.

5.3 Energieoptimierte Tourenplanung mit GPS

Besonderen Komfort bieten Schalteinheiten mit einem integrierten GPS-Modul. Im Pkw werden GPS-gestützte Navigationsgeräte

im Allgemeinen vor allem dazu benutzt, ein anvisiertes Ziel auf kürzestem (entfernungsoptimiertem) oder schnellstem (zeitoptimiertem) Weg zu erreichen.
Bei der Pedelec-gerechten Tourenplanung kann die Strecke höhenoptimiert geplant werden. Dazu wird die Route vorab nach dem zu erwartenden Höhenprofil am PC analysiert und zusammengestellt. So lassen sich Akkukapazität und Reichweite bereits im Vorfeld berücksichtigen. In der Regel werden die Daten dann über Bluetooth auf das GPS-Gerät übertragen. Bei manchen Geräten dient dazu eine SD-Speicherkarte.
Zusätzlich zur Funktion der elektronischen Wegfahrsicherung durch das abnehmbare Display bieten einige GPS-Ausführungen die Möglichkeiten der Ortung bei Diebstahl.
Wer über keine solche Pedelec-Steuereinheit verfügt, kann dafür stattdessen ein GPS-fähiges Handy einsetzen. Die App *Naviki* ist eine wertvolle Hilfe bei der Navigation mit einem Pedelec. Sie findet sich in den einschlägigen App-Stores zum Herunterladen.

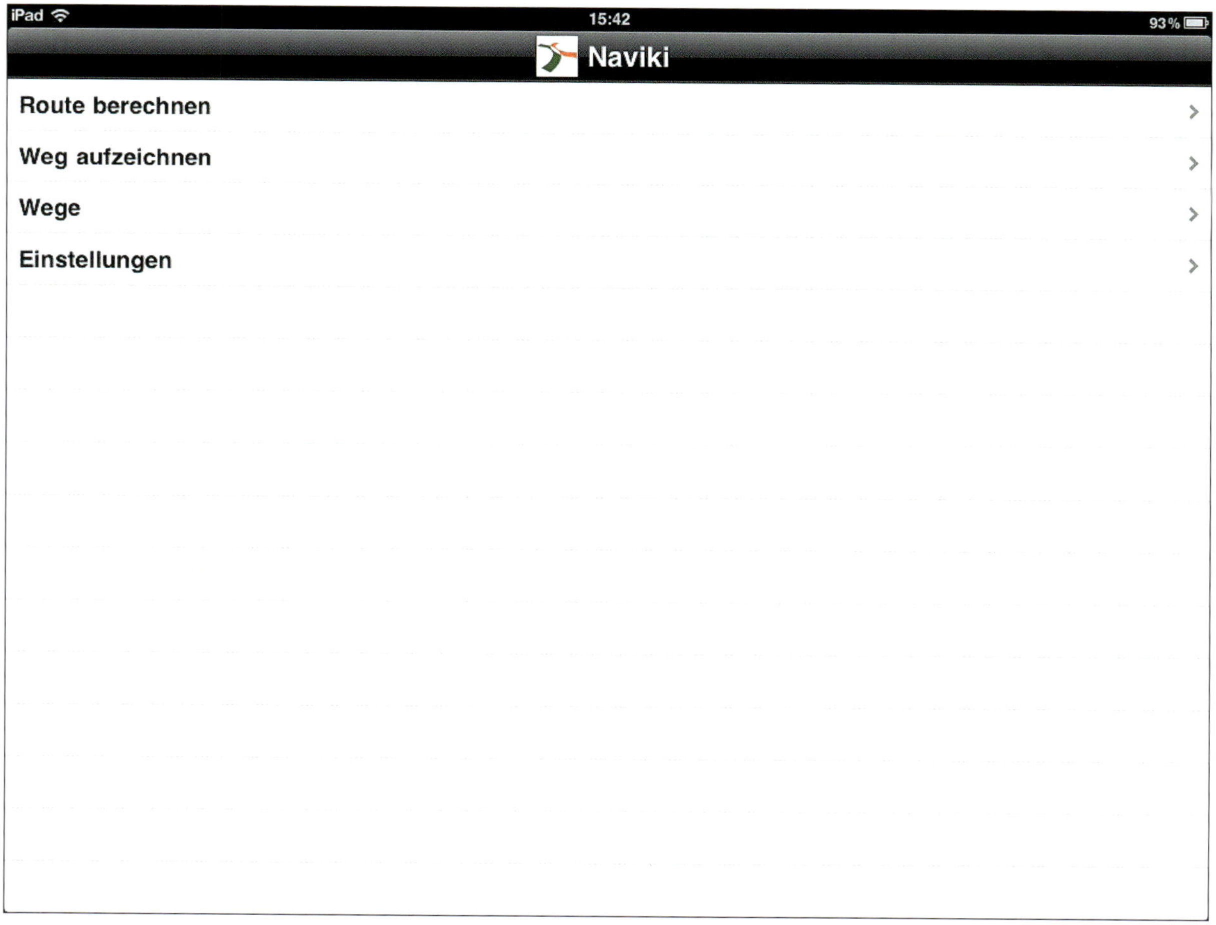

Abb. 5.3 – Ein einfacher, übersichtlicher Bildschirm empfängt den Besucher.

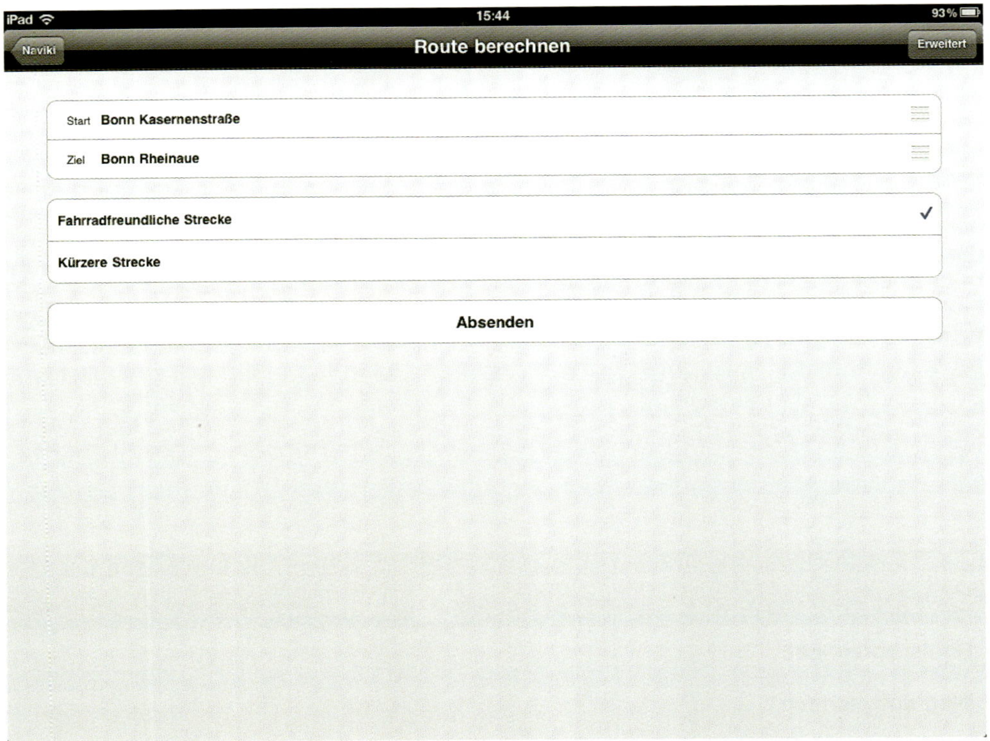

Abb. 5.4 – Nach der Eingabe von Start und Ziel lässt man die Route berechnen.

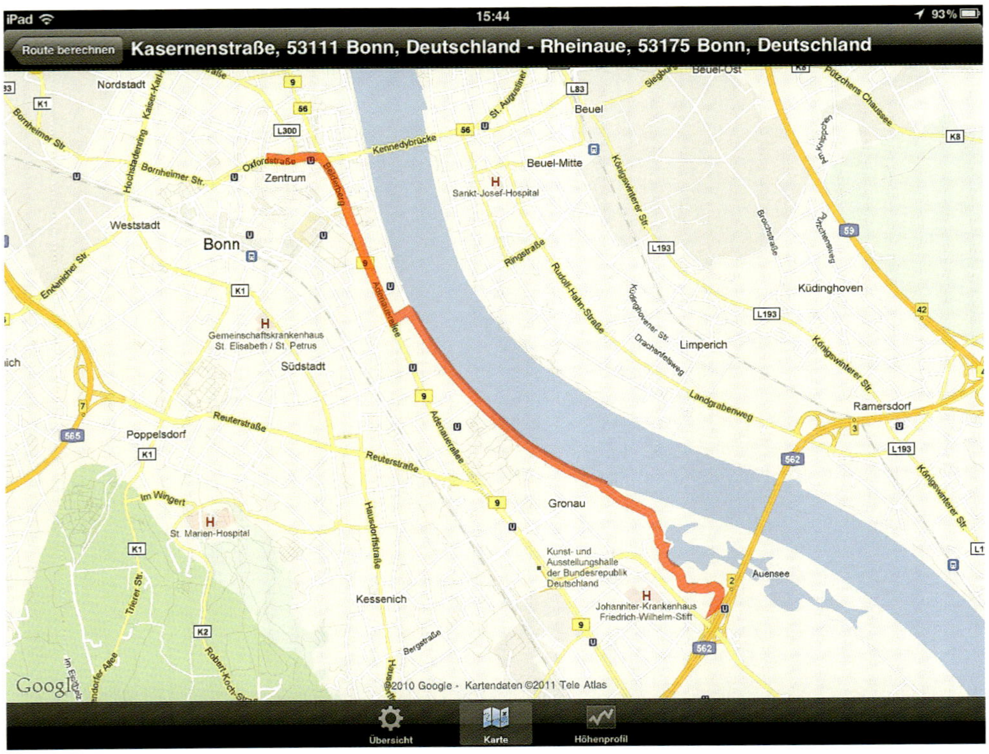

Abb. 5.5 – Schon nach kurzer Zeit wird die Route vom Server auf das Handy übermittelt. Man kann sie speichern, indem man beispielsweise ein Bildschirmfoto anfertigt.

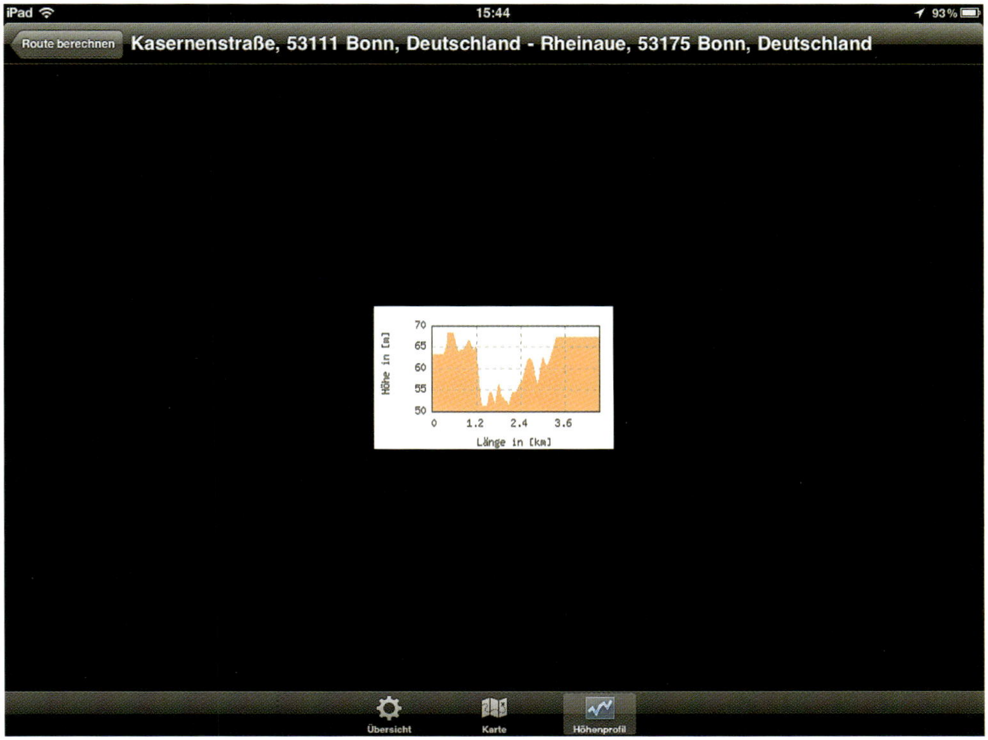

Abb. 5.6 – Selbst ein Höhenprofil wird bereitgestellt – da lässt sich die Batteriebelastung vorab gut abschätzen.

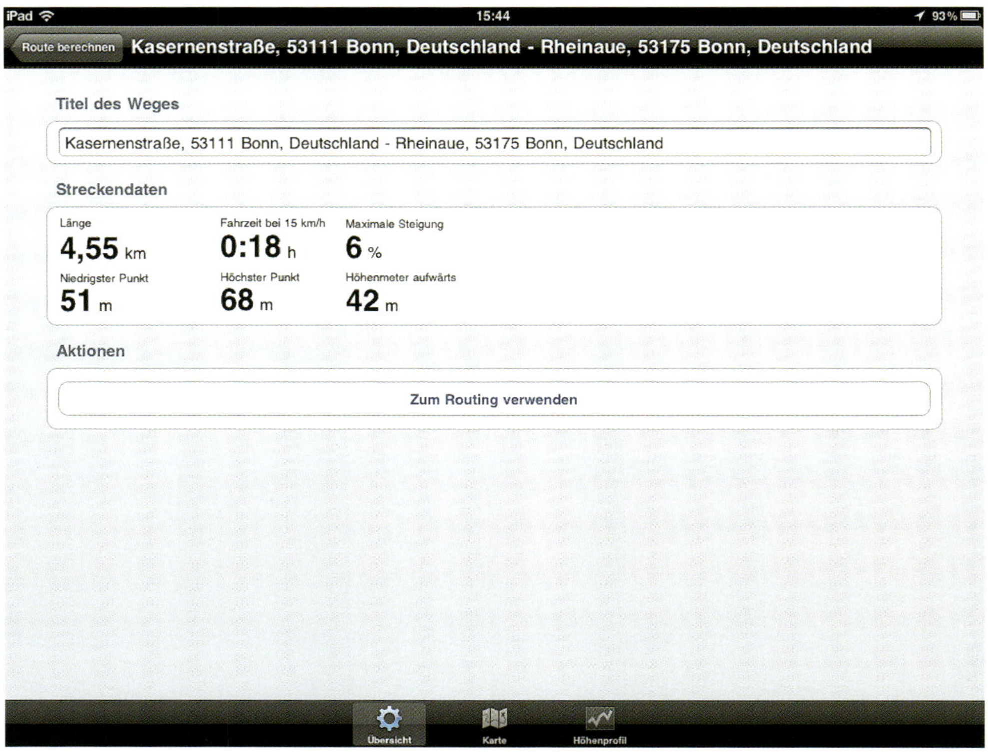

Abb. 5.7 – Wer will, kann sich direkt von Naviki navigieren lassen und die Software auch gleich als Pedelec-Computer benutzen.

5.4 Software-Update für das Pedelec

Schalteinheiten mit SD-Speichersteckplatz dienen u. a. zum Update der Pedelec-Software. Dabei ist die SD-Speicherkarte nur das Transportmedium, die Software selbst wird im Controller hinterlegt. Diese Pedelecs funktionieren in den meisten Fällen also auch ohne eingelegte Speicherkarte.

In der Bedienungsanleitung des Pedelec-Herstellers findet sich der Hinweis auf die Internetseiten, auf denen die Updates zur Verfügung gestellt werden, und wie vorzugehen ist.

Um ein Software-Update zu erhalten, ist es oft notwendig, einen Account auf der Anbieterseite einzurichten oder sich anderweitig zu identifizieren. Meist werden spezifische Fahrzeugdaten und Registriernummern abgefragt. Dann prüft der Anbieter die Update-Berechtigung und die Update-Fähigkeit. Ist beides gegeben, wird die neue Software auf die Speicherkarte geladen.

TIPP!

Update-fähige Pedelec-Software sollte immer auf dem neuesten Stand gehalten werden. Falls der Pedelec-Hersteller einen Benachrichtigungsservice per E-Mail anbietet, empfiehlt es sich, sich dafür registrieren zu lassen.

Wird die Speicherkarte in das Steuergerät eingesetzt, erkennt es die neue Software und leitet den Nutzer durch den Installationsprozess.

Andernfalls heißt es, regelmäßig selbst zu prüfen, ob Updates verfügbar sind.

Steuereinheiten mit SD-Karteneinschub verfügen oft über erweiterte Fahrradcomputerfunktionen und GPS-Anbindung. Manche enthalten sogar zusätzlich einen SIM-Karten-Slot und können über das Mobilfunknetz Daten senden und empfangen. Damit lassen sie sich als universelle Trainingscomputer mit zusätzlicher Anbindung an den häuslichen PC einsetzen.

6 Nützliches Pedelec-Zubehör

Der Fachhandel bietet reichlich Zubehör, Ersatzteile und zusätzliche Ausstattungen für Pedelecs und ihre Fahrer. Alles, was der Sicherheit dient, sollte auf der Wunschliste oben stehen. Accessoires wie Ledergriffe, Doppelkammertrinkflaschen oder skurril geformte Klingeln sorgen dafür, dass auch der Spaß und der Komfort nicht zu kurz kommen.

Abb. 6.1 – So wird das Pedelec zum Allround-Hobby. Bereifung, Beleuchtung, Beförderung, Bekleidung ... die Auswahl ist groß.

6.1 Werkzeug

Die klassische Werkzeugsatteltasche mit Knochen, Hakenschlüssel für den Steuersatz und Schlitzschraubendreher ist schon lange passé. An einem Fahrrad finden sich mittlerweile zu viele verschiedene Schraubengrößen und -arten. Bei einem Pedelec ist das nicht anders. Wegen der elektrischen und elektronischen Komponenten werden möglicherweise weitere Werkzeuge benötigt.

6.1.1 Werkzeug für unterwegs

Um unterwegs gegen möglichst viele Eventualitäten gefeit zu sein, sollte die folgende Grundausstattung mitgeführt werden:

- Multitool
- Luftpumpe
- Ersatzschlauch und/oder Einsprühflickzeug
- Montagehebel für Reifenmontage

Vor dem Kauf steht deshalb eine genaue Bestandsaufnahme: Welche Schraubenarten und -größen finden sich am Pedelec? Sind es Schlitz- oder Kreuzschrauben, Sechskantverschraubungen oder Torxschrauben? Welche Muttern befinden sich am Rad? Auch die Zugänglichkeit der einzelnen Verbindungen sollte geprüft werden.

Abb. 6.2 – Wer sich im Fachhandel umsieht, wird von der Vielfalt an Multitools für Fahrräder fast erschlagen. 20 oder 30 Funktionen in einem handlichen Werkzeug vereint – das fasziniert den Betrachter. Viel hilft hier allerdings nicht auch wirklich viel. Es kommt vor allem darauf an, dass das Tool die Funktionen bietet, die für das eigene Pedelec notwendig sind. Das kleine „Fünfer" mit den richtigen Sechskant- und Kreuzschlitzmaßen kann durchaus die beste Wahl sein.

Mit einer Liste an benötigten Werkzeugen kann dann das Angebot an Fahrrad-Tools gesichtet und das Richtige ausgewählt werden. „Preiswert“ ist nicht gleichbedeutend mit schlecht. „Teuer“ ist nicht automatisch auch gut. Das Multitool sollte aber auf jeden Fall aus hochwertigem, rostfreiem Werkzeugstahl bestehen. Wird es in einer Trikottasche am Körper getragen, sollte es zudem in einer stabilen Schutzhülle stecken.

TIPP!

Viele Multitools enthalten einen Nippelschlüssel. Aber Achtung: Auch hier muss es die passende Größe sein.

Abb. 6.3 – Noch längst kein altes Eisen ist der gute alte „Fahrradknochen“. Acht auch am Pedelec gängige Muttergrößen finden sich an diesen platzsparenden Allroundern.

Abb. 6.4 – Die meisten Pedelecs sind herstellerseitig mit einer Luftpumpe ausgerüstet. Sie klemmt in der Regel in einer Aufnahme an Hinterbau oder Gepäckträger. Viele dieser Pumpen in „Erstausrüsterqualität" versagen gleich beim ersten Pumpversuch den Dienst. Um sich unterwegs unnötigen Ärger zu ersparen, sollte das Pedelec mit einer hochwertigen Luftpumpe ausgestattet werden. Messen Sie die Klemmabstände aus und erwerben Sie dann ein passendes Exemplar aus dem Zubehörhandel. Meist sind die Rahmenbefestigungen inklusive.

Details zu Ersatzschlauch und Einsprühflickzeug wurden bereits unter dem Punkt „Reifen flicken“ erörtert.

6.1.2 Werkzeug für zu Hause

Die perfekte Hobbywerkstatt für Pedelecs enthält ein paar weitere Werkzeuge und Hilfsmittel:

- Werkzeugkoffer mit Spezialwerkzeug für Tretlager, Zahnkränze etc.
- Drehmomentschlüssel
- Bremsscheibenrichtwerkzeug
- Montageständer mit ausreichender Tragfähigkeit
- Standluftpumpe
- Luftdruckprüfer

Für die meisten Arbeiten im Rahmen der in diesem Buch beschriebenen Pflege und Wartung wird ein mit Bedacht ausgesuchtes Multitool plus haushaltsüblicher Grundausstattung ausreichen.
Anders ist das, gilt es beispielsweise Radnaben zu erneuern oder deren Standardlager gegen Leichtlauflager zu tauschen, Tretkurbelachsen

Abb. 6.5 – Das maximale Anzugsdrehmoment wie hier am Vorbau darf nicht überschritten werden. Wenn Verschraubungen überspannt werden, brechen schlimmstenfalls die Halterungen,.

WARNUNG!

Bei allen Arbeiten an Schraubverbindungen sollten Sie sich vorab über einzuhaltende Anzugsdrehmomente informieren.

abzuziehen oder Schaltkassetten und Kettenräder auszutauschen. Dann bedarf es einer Reihe von Spezialwerkzeugen, und die Anschaffung eines Fahrrad-Werkzeugkoffers sollte erwogen werden.

Für immer mehr Einzelteile an Fahrrädern und damit auch an Pedelecs sind Anzugsdrehmomente vorgeschrieben. Werden diese nicht eingehalten, können hochwertige Komponenten beschädigt werden. Schlimmstenfalls kommt es zu Brüchen während der Fahrt.

Bremsscheiben nehmen im normalen Fahrbetrieb selten Schaden. Wer sein Pedelec häufig querfeldein einsetzt, muss allerdings damit rechnen, dass sich die Scheiben durch Stock- und Steinschlag auch mal verbiegen können.

Abb. 6.6 – Wer Griffarmaturen oder Lenkervorbauten selbst einstellen will, kommt um die Anschaffung eines passenden Drehmomentschlüssels nicht herum.

Mit einem Bremsscheibenrichtwerkzeug und viel Übung lässt sich mancher Schaden beheben.

Da ein Pedelec relativ schwer ist, empfiehlt sich die Anschaffung eines Montageständers mit ausreichender Tragfähigkeit und Standsicherheit. Damit erübrigt sich das kraftaufwendige Auf-den-Kopf-Stellen. Es arbeitet sich zudem bequemer und man kommt vor allem an Teile des Antriebs und der Schaltung deutlich besser heran.

Ebenfalls zur Grundausstattung einer guten Pedelec-Hobbywerkstatt gehört eine Standluftpumpe, möglichst mit integriertem Manometer, und ein separater Luftdruckprüfer. Das Problem ist, dass diese Hilfsmittel nur für Sclaverand- und Autoventile geeignet sind. Besitzt der Schlauch klassische Fahrradventile (Dunlop-Ventile), funktionieren die meisten Exemplare nicht. Der Fahrradbereifungshersteller „Schwalbe" bietet mit seinem „Airmax Pro" einen Luftdruckmesser auch für die Dunlop-Ventile an – vorausgesetzt sie sind mit „Schwalbe"-Ventileinsätzen ausgestattet. Notfalls muss also der Ventileinsatz getauscht werden.

6.2 Sicherheit

6.2.1 Rückspiegel

Ein nützliches Sicherheitszubehör ist der Rückspiegel. Die höheren Geschwindigkeiten erfordern im wahrsten Sinn des Wortes „umsichtigeres" Fahren.

TIPP!

Hier sollte man die Variante wählen, die die wenigsten Umbauten an Griffen und Lenkerhörnchen erfordert.

6.2.2 Zusatzbeleuchtung

Spätestens nach den ersten Abend- und Nachtfahrten zeigt sich, ob die serienmäßig verbaute Beleuchtung dem persönlichen Sicherheitsempfinden gerecht wird. Ein Zusatzscheinwerfer sollte aber nicht ohne genaue Berechnung der Ströme und Spannungen an einen vorhandenen Dynamo (Gefahr der Überlastung) und keinesfalls an den Akku des Pedelec-Motors (Gefahr von Überspannung und Kurzschluss) angeschlossen werden. Im Zubehörhandel gibt es zahlreiche Varianten, die mit eigenen Akkus oder handelsüblichen Batterien betrieben werden.

Notfalls kann ein zweiter Fahrscheinwerfer mit einem zusätzlich zu installierenden Reibraddynamo betrieben werden. Wer sich für diese Variante entscheidet, findet am Markt Modelle, die zugleich eine Ladestation für Handy oder andere Kleingeräte mit Strom speisen können.

6.2.3 Transport

Das Pedelec bietet sich dank seiner motorischen Kraftunterstützung mehr noch als ein gewöhnliches Fahrrad für vielerlei Zwecke an. Vorsicht ist geboten, wenn der „Drahtesel" zum „Lastesel" umfunktioniert werden soll. Selbst der ausgiebige Wochenendeinkauf scheint mit dem Pedelec möglich, ebenso längere Ausfahrten – vielleicht sogar Mehrtagestouren mit großem Gepäck.

Das Thema „Transporthilfsmittel" ist beim Pedelec stärker als bei einem gewöhnlichen Fahrrad mit dem Fahrverhalten und damit letztlich der Sicherheit verknüpft. Je nach Platzierung des Motors und des Akkus kann sich das Fahrverhalten des Pedelecs deutlich

Abb. 6.7 – Nachrüstung ist hier dringend empfohlen. Fahrradrückspiegel gibt es mit Überwurfschellen für die Installation am Lenkerrohr.

Abb. 6.8 – Alternativ bieten sich Rückspiegel für die Klemmmontage im Lenkerrohr an. Rückspiegel gibt es in so vielen Bauformen und Größen, dass man hier nicht nur etwas für die Sicherheit tut, sondern dem Pedelec auch eine ganz persönliche Note verleihen kann.

Abb. 6.9 – Helmpflicht auf dem Pedelec oder nicht? Sicherheitsexperten verlangen sie, Politiker debattieren das Für und Wider. Viele Pedelec-Fahrer setzen den Helm einfach auf – gute Entscheidung!

vom gewohnten Verhalten eines Fahrrads unterscheiden, selbst wenn keine zusätzlichen Lasten geladen werden.

Ein Frontnabenmotor erfordert bei schwierigen Straßenverhältnissen etwas Fingerspitzengefühl am Lenker. Wird der hintere Gepäckträger belastet, kann das die Fahrsituation stabilisieren.

Sitzt der Motor in der Hinterradnabe und der Akku möglicherweise noch unter dem Gepäckträger, besteht von vornherein eine gewisse Hecklastigkeit. Pedelecs mit Hecknabenmotoren haben zudem oft einen verlängerten Hinterbau. So werden Kurvenfahrten bei Überladung zur Herausforderung. Kommen unzulässig viele Pfunde auf den Gepäckträger,

Abb. 6.10 – Diskret verborgen und gewichtstechnisch gut platziert – hier steckt der Akku in einer formschönen Tasche im Rahmendreieck. Wer den Akkuhalter umbauen will, sollte fachliche Hilfe in Anspruch nehmen.

könnte das Vorderrad bei schneller Kurvenfahrt die Bodenhaftung verlieren.

Die Gewichtsangabe auf dem Gepäckträger sagt nichts über die sinnvolle Gewichtsverteilung aus. Erst ein Blick in die Bedienungsanleitung schafft Klarheit darüber, was das eigene Fahrzeug verkraftet.

Bevor zusätzliche Packtaschen für vorn oder hinten, Lenkerkörbe oder andere zusätzliche Staueinrichtungen erworben werden, sollten folgende Aspekte geprüft werden:

- Gesamttragfähigkeit des Pedelecs (Nutzlast)
- Tragfähigkeit einzelner Komponenten (Lenker, Gabel, Gepäckträger, Rahmen, Laufräder, Bereifung)
- Befestigungsmöglichkeiten

Abb. 6.11 – Die Standardgepäckträger sind mit der zulässigen Höchstlast gekennzeichnet. Die meisten verfügen über eine Tragfähigkeit von 25 kg.

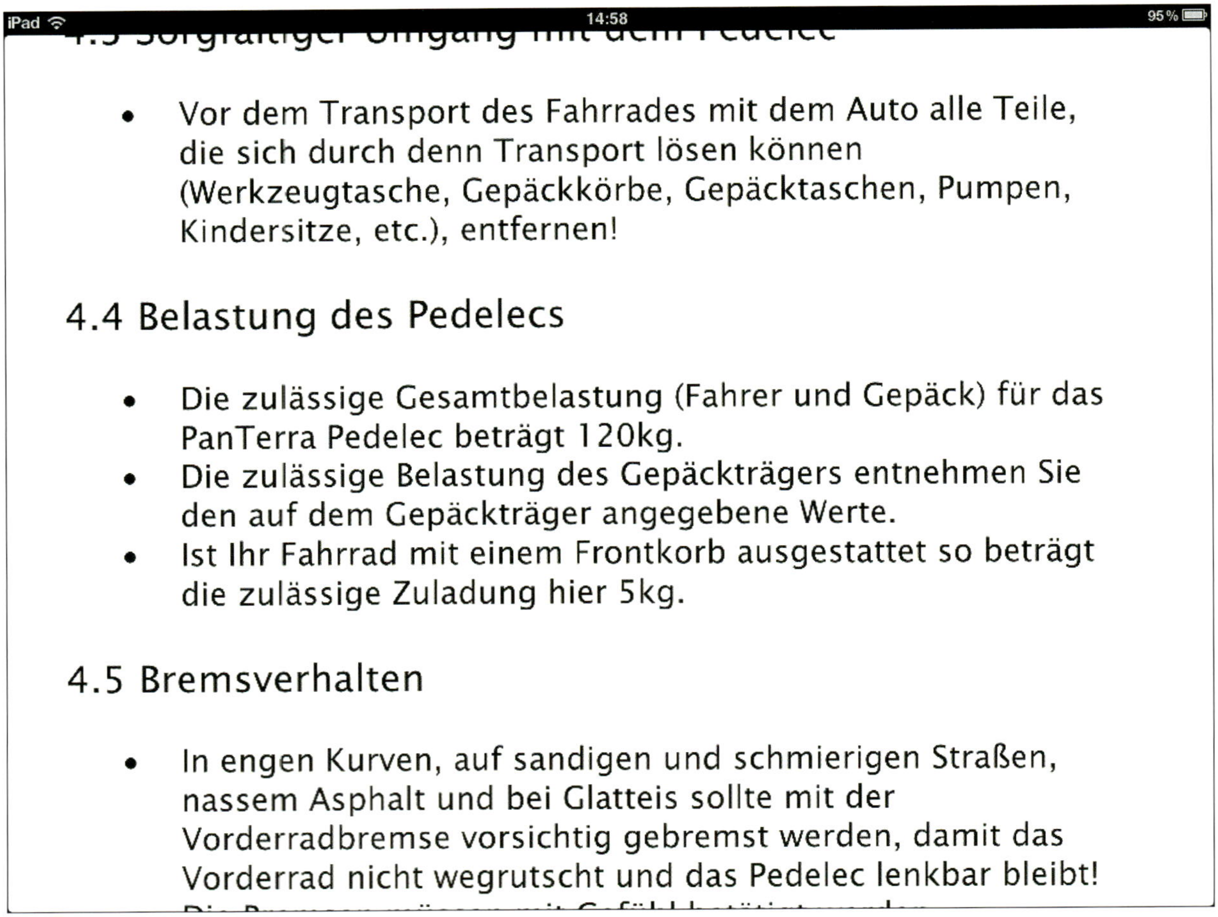

- Vor dem Transport des Fahrrades mit dem Auto alle Teile, die sich durch denn Transport lösen können (Werkzeugtasche, Gepäckkörbe, Gepäcktaschen, Pumpen, Kindersitze, etc.), entfernen!

4.4 Belastung des Pedelecs

- Die zulässige Gesamtbelastung (Fahrer und Gepäck) für das PanTerra Pedelec beträgt 120kg.
- Die zulässige Belastung des Gepäckträgers entnehmen Sie den auf dem Gepäckträger angegebene Werte.
- Ist Ihr Fahrrad mit einem Frontkorb ausgestattet so beträgt die zulässige Zuladung hier 5kg.

4.5 Bremsverhalten

- In engen Kurven, auf sandigen und schmierigen Straßen, nassem Asphalt und bei Glatteis sollte mit der Vorderradbremse vorsichtig gebremst werden, damit das Vorderrad nicht wegrutscht und das Pedelec lenkbar bleibt!

Abb. 6.12 – Klare und eindeutige Angaben in diesem Auszug aus der Bedienungsanleitung eines PanTerra

- Fahrdynamisch sinnvolle Gewichtsverteilung

Wenn im Pkw-Bereich Vorder- und Hinterachse gleichermaßen belastet sind, lässt sich ein Auto am sichersten und dynamischsten bewegen.

TIPP!

Eine Gewichtsverteilung von 50:50 zwischen Vorder- und Hinterachse verleiht auch einem Pedelec Fahrstabilität.

Um diese Gewichtsverteilung auch beim Pedelec zu erzielen, kann man die entsprechenden Zubehörteile für den Transport erwerben und montieren.
Inwieweit das eigene Pedelec als Zugfahrzeug für Fahrradanhänger geeignet und zugelassen ist, muss mit dem Hersteller abgeklärt werden

7 Anhang

7.1 Checkliste „Vor Beginn der Fahrt“

Check	In Ordnung
Akkuladezustand (voll?)	
Akkusitz in der Halterung (komplett eingeschoben und eingerastet?)	
Akkuschloss (arretiert?)	
Bedieneinheit (Anzeigen funktionsfähig?)	
Bedieneinheit zeigt gleichen Akkuladezustand wie Akkuanzeige	
Elektrische Leitungen (Sichtprüfung)	
Verbindungsstecker des E-Antriebs (fest eingerastet?)	
Motortest (Anlauf, Schiebehilfe?)	
Kettenspannung (1,5 cm Bewegung?)	
Schaltung (Sichtprüfung – nicht im Stand schalten)	
Speichen (Klimpertest)	
Felgen (keine Ausbeulungen, Schläge, Zustand Felgenflanken?)	
Reifen (Profil, Fremdkörper, sichtbare Schäden?)	
Luftdruck (Minimaldruck, Maximaldruck, last- und streckenabhängig)	
Schnellspanner/Achsbefestigung (geschlossen?)	
Hinterbaufederung (Einstellung nach Belastung?)	
Federgabel (Tauchrohre sauber, Einstellung?)	
Lenker (alle Verschraubungen fest?)	
Steuersatz (Knacktest)	
Bremsbeläge (Sichtprüfung)	
Bremsprobe (mit jeder Bremse einzeln)	
Beleuchtungstest (Fahrlicht, Standlicht, Rücklicht)	
Rückstrahler (vollständig?)	
Speichenreflektoren (vollständig?)	
Klingel (Funktionstest)	
Sattel (Befestigung, Federspannung Sattelstütze)	
Gepäck (Verteilung, Befestigung, Höchstlast)	
Werkzeug für unterwegs	
Ersatzschlauch oder Flickzeug	

Index